现代农业实用技术丛书

彩叶地被植物

杭州市临安区科学技术协会
杭州市临安区林业局（农业局）组织编写

U0311752

浙江科学技术出版社

图书在版编目(CIP)数据

彩叶地被植物/杭州市临安区科学技术协会,杭州市临安区林业局(农业局)组织编写. —杭州：浙江科学技术出版社,2018.5

(现代农业实用技术丛书)

ISBN 978-7-5341-8202-0

Ⅰ.①彩… Ⅱ.①杭… ②杭… Ⅲ.①地被植物 Ⅳ.①S688.4

中国版本图书馆 CIP 数据核字(2018)第 084869 号

丛 书 名	现代农业实用技术丛书	
书　　名	彩叶地被植物	
组织编写	杭州市临安区科学技术协会 杭州市临安区林业局(农业局)	

出版发行　**浙江科学技术出版社**
　　　　　杭州市体育场路 347 号　邮政编码：310006
　　　　　办公室电话：0571-85176593
　　　　　销售部电话：0571-85176040
　　　　　网　址：www.zkpress.com
　　　　　E-mail：zkpress@zkpress.com

排　　版　杭州大漠照排印刷有限公司
印　　刷　浙江新华印刷技术有限公司

开　本	880×1230　1/32	印　张	2.75	
字　数	69 700	插　页	8	
版　次	2018 年 5 月第 1 版	印　次	2018 年 5 月第 1 次印刷	
书　号	ISBN 978-7-5341-8202-0	定　价	20.00 元	

版权所有　翻印必究
(图书出现倒装、缺页等印装质量问题,本社销售部负责调换)

责任编辑　张祝娟　　文字编辑　王季丰　　**责任校对**　赵　艳
责任美编　金　晖　　**责任印务**　崔文红

"现代农业实用技术丛书"
编委会

顾　　问　吴春法　王　翔　楼秀华
主　　任　胡尚新　周　军
副 主 任　詹寿明　金海燕
执行编委　鲍宇君　姚海峰
编　　委　（按姓氏笔画排序）

丁　兰　王　方　王世福　毛伟强
仇智灵　吕　萍　孙春光　何钧潮
沈佳栾　张　青　张有珍　张来明
张慧琴　陈思思　陈康民　邵泱峰
邵香君　罗学明　周　斌　周菊敏
俞　俊　顾建强　钱定海　鲁燕君

《彩叶地被植物》
编写人员

主　　编　吕　萍
副 主 编　蓝海燕　周　斌　陈康民　张来明
编写人员　（按姓氏笔画排序）

叶建荣　吕　萍　吴霄达　张来明
陈康民　周　斌　俞俭民　饶　盈
顾李俭　蓝海燕

▲ 彩图 1　彩叶地被植物庭园绿化配植

▲ 彩图 2　彩叶地被植物花境

▲ 彩图 3 花叶玉簪 ▲ 彩图 4 金边阔叶麦冬

▲ 彩图 5 黑麦冬 ▲ 彩图 6 金叶金钱蒲 ▲ 彩图 7 黄斑大吴风草

▲ 彩图 8 疏林下的紫叶酢浆草

▲ 彩图 9　赤胫散

▲ 彩图 10　矾根

▲ 彩图 11　银叶蒿

▲ 彩图 12　花坛周边配植银叶菊

▲ 彩图 13　芙蓉菊

▲ 彩图 14　佛甲草配植于花坛

▼ 彩图 15
彩虹马齿苋

▲ 彩图 16　红莲子草

▲ 彩图 17　彩叶草　　▲ 彩图 18　花叶薄荷

▲ 彩图 19　绵毛水苏　　▲ 彩图 20　羽衣甘蓝

▲ 彩图 21　紫三叶　　　▲ 彩图 22　花叶燕麦草

▲ 彩图 23　花叶芦竹　　　▲ 彩图 24　棕红薹草

▲ 彩图 25　金叶薹草配植　▲ 彩图 26　日本血草

▲ 彩图 28　斑叶芒

▲ 彩图 27　花叶蔺草

▲ 彩图 29　花叶芒丛植

▲ 彩图 30　金叶扶芳藤

▲ 彩图 31　花叶络石

▲ 彩图 32　花叶蔓长春花

▲ 彩图 33　花叶长春藤　　▲ 彩图 34　吊竹梅

▲ 彩图 35　金叶甘薯　　　▲ 彩图 36　金叶过路黄

▲ 彩图 37　银边八仙花

▲ 彩图 38　金叶小檗

▲ 彩图 39 金边六月雪   ▲ 彩图 40 花叶锦带花

▲ 彩图 41 金叶莸

▲ 彩图 42 灌丛石蚕   ▲ 彩图 43 金叶大花六道木

▲ 彩图 44　金叶连翘

▲ 彩图 45　红花檵木开花状态

▲ 彩图 46　红叶石楠

▲ 彩图 47　金边黄杨

▲ 彩图 48　金森女贞

▲ 彩图 49　彩叶杞柳

▲ 彩图 50　花叶接骨木

▲ 彩图 51　金焰绣线菊橙红色新叶

▲ 彩图 52　金山绣线菊开花状

▲ 彩图 53　南天竹

▲ 彩图 54　配植的花叶胡颓子

▲ 彩图 55　小丑火棘

▲ 彩图 56　黄金枸骨

▲ 彩图 57　洒金珊瑚

◀ 彩图58　金叶女贞

11

▲ 彩图 59 黄条金刚竹

▼ 彩图 60 菲白竹

▲ 彩图 61 菲黄竹

► 彩图 62 铺地竹

◄ 彩图 63 白纹椎谷笹

前　言

　　2017年9月15日，临安正式撤市设区，原临安市的行政区域变为杭州市临安区的行政区域。临安区总面积3 126.8平方千米，地处浙江省西北部、中亚热带季风气候区南缘。近年来，当地政府高度重视农业和农村工作，始终把解决好"三农"问题作为工作的重中之重，推进乡村经济、乡村社会、乡村人居环境全面提升，推广标准生产技术，大力发展高效生态农业，形成了山核桃、竹笋、粮油、香榧、水果、畜牧等主导和特色产业。同时，注重做优特色农业，扎实推进山核桃"亮牌"行动和竹产业可持续发展计划，联动做好农村电商发展等工作。

　　2018年是贯彻党的十九大精神的开局之年，实施"十三五"规划承上启下的关键一年。为了使广大的农民群众掌握最新的农业实用技术，同时也为农村培养一批高素质的实用技术人才，使临安农业整体更上一个新台阶，全民科学素质有进一步的提高，杭州市临安区科学技术协会联合杭州市临安区林业局（农业局）编写了本套丛书。本套丛书共分六册，包括《彩叶地被植物》《湖羊生态养殖技术》《迷你小番薯栽培技术》《农产品质量安全与农村电子商务》《食用竹笋可持续栽培经营技术》《山区桃优新品种与栽培技术》。本套丛书由长期工作在农林生产第一线，具有丰富实践经验与理论积累的科技工作者编写，内容实用，文字通俗易懂，科普性强。

　　现代园林的发展已从以前比较单纯的植树绿化转变为利用植物不同的观赏特性进行造景美化，创作符合现代人们的生活需求和审美需求，符合"绿水青山就是金山银山"的生态观。彩叶地被植物是指地被植物中叶色具有除绿色以外色彩的植物，通常表现为全叶花叶或叶缘、叶片中部有条斑、条纹等，其植株低矮，枝叶密集，有较强的扩展能力，能迅速覆盖地面。园林应用中常用于点缀或配植，起到画龙点睛的作用。彩叶地被植物可以在景观石旁、水体边配植来增加色彩和立体感；在林下、林缘配植能形成绚丽丰富的植物层次；庭园、花台等根据需要配植彩叶地被植物，能达到生机盎然或优雅的景观效果。由于其独特的叶色，在园林中应用广泛。

近几年来，彩叶地被植物已从城市向农村发展，应用的品种也逐渐增多，给新农村建设增添了光彩。但彩叶地被植物在应用中也存在着滥用的现象，经常出现大量彩叶地被植物冻死、晒死、淹死、旱死等情况，究其原因，主要是建设者不了解应用品种的生态习性，盲目跟风，滥用品种，没有适地适栽所致，不仅起不到美化效果，达不到应有的生态效果，还造成一定的经济损失。因此，了解和掌握彩叶地被植物的相关知识和栽种技术很有必要。

本书主要介绍了彩叶地被植物的概念、特点、分类及其在园林中的应用，常见彩叶地被植物的形态特征、分布与习性、栽培技术、园林应用等，并附园林绿地常见彩叶地被植物及其应用简表、彩叶地被植物主要病害防治简表、彩叶地被植物主要虫害防治简表。可供大家参考使用。

希望本套丛书的出版可以为广大农民朋友和基层农技人员提供帮助，推动"科普惠农兴村"计划的实施，促进农村科技知识的传播，推进"美丽幸福新临安"建设。

"现代农业实用技术丛书"编委会
2018 年 2 月

目　录

一、概　　论

（一）彩叶地被植物的概念与特点

1. 彩叶地被植物的概念

彩叶地被植物指地被植物中叶色具有除绿色以外色彩的植物，通常表现为全叶花叶或叶缘、叶片中部有条斑、条纹等，其植株低矮，枝叶密集，有较强的扩展能力，能迅速覆盖地面。

关于彩叶地被植物的定义有狭义和广义之分。狭义上是指叶色在春、秋两季甚至春、夏、秋三季均呈现彩色，尤其是在夏季旺盛生长的季节仍保持彩色不变的地被植物，一些热带、亚热带地区的彩叶地被植物甚至终年保持彩色。广义上是指凡在生长季节叶色可以较稳定呈现非绿色（排除生理、病虫害、栽培和环境条件等外界因素的影响）的植物都可称作彩叶植物。彩叶地被植物就是彩叶植物中用于地被造景的植物。

2. 彩叶地被植物的特点

彩叶地被植物作为园林绿化中的一个特定部分，是美化造景的重要植物材料，具有丰富的群体色彩效果，或配植相嵌的造型效果。因此，具有非常重要的生态意义和观赏价值。

彩叶地被植物的特点有：

（1）资源丰富，色彩美。随着近几年在园林中应用的日益广泛，其种类在不断被挖掘，品种日趋丰富。色彩美是园林景观的一大要素，彩叶地被植物作为植物造景的元素之一，能丰富构图、调整色彩，形成绚丽的图案和不同的季相效果。

（2）造景见效快，寿命长。彩叶地被植物具有形成景观快、观赏期长的特点，在园林中如果配植应用得当，能极大地丰富园林景观层次，在城市和乡村园林绿化建设中发挥着越来越重要的作用。

（3）适应性强，管理粗放。彩叶地被植物的全部生育期均在露天度过，对光照、水分、土壤等环境条件具有广泛的适应性，抗逆性强，耐修剪，耐粗放管理，栽培管理成本低。

（4）改善生态，环境优化。彩叶地被植物具有防止水土流失、吸附尘土、净化空气、减弱噪声、消除污染等作用。

（二）彩叶地被植物的分类

彩叶地被植物在园林绿化中应用越来越广泛，组成彩叶地被植物的种类也在不断增多。可按生态习性分类，也可按植物学特性分类。

1. 按生态习性分类

（1）喜光彩叶地被植物。这类彩叶地被植物在全光照下生长良好，遮阴处茎细弱，节伸长，美丽的叶色受损，呈现不出亮丽的色彩，长势不理想，如银叶蒿、银叶菊、彩虹马齿苋、彩叶草、紫叶鸭跖草等。

（2）半耐阴彩叶地被植物。此类地被植物喜欢阳光充足，但也有不同程度的耐荫能力，如紫叶酢浆草、银边八仙花、金边六月雪、花叶锦带花、花叶常春藤。

（3）耐阴彩叶地被植物。此类植物在遮阴处生长良好，全光照条件下生长不良，表现为叶色暗淡、叶变小、叶边缘枯萎，严重时甚至全株枯死，如花叶玉簪、花叶活血丹、金叶金钱蒲等。

（4）耐湿类彩叶地被植物。此类植物在湿润的环境中生长良好，如花叶鱼腥草、花叶芦竹、彩叶杞柳等。

（5）耐干旱类彩叶地被植物。此类植物在比较干燥的环境中生长良好，一定程度耐干旱，如金边阔叶麦冬、金边芒、金叶薹草等。

（6）耐盐碱彩叶地被植物。此类植物在中度盐碱地上能正常生长，如银叶蒿、紫叶小檗、金焰绣线菊等。

2. 按植物学特性分类

（1）草本类彩叶地被植物，指多年生或易于繁殖管理的一年生彩叶类草本植物，如花叶玉簪、金边阔叶麦冬、彩叶草等。

（2）灌木类彩叶地被植物，指植株低矮、分枝众多、易于修剪造型的彩叶类灌木，如金叶小檗、金边六月雪、花叶锦带花等。

（3）藤本类彩叶地被植物，指具有蔓生、匍匐或攀缘特点的彩叶地被植物，如花叶常春藤、花叶络石等。

（4）矮生竹类彩叶地被植物，指生长低矮、匍匐性强的彩叶竹类植物，如黄条金刚竹、菲白竹等。

（5）观赏草类彩叶地被植物，指以茎秆和叶丛为主要观赏部位的彩叶草本植物，通常以禾本科植物为主，还有一些莎草科、灯心草科、花蔺科、天南星科的彩叶植物。观赏草类彩叶地被植物大多对环境要求低，管护成本低，抗性强，繁殖力强，适应面广，如花叶燕麦草、棕红薹草、日本血草等。

彩叶地被植物也有依据叶色变化的特点，分为春色叶植物、常色叶植物、斑色叶植物、秋色叶植物等几类；也有以植物色系来分，可分为红色系、黄色系、黄绿色系、粉色系、紫色系等。

（三）彩叶地被植物在园林绿化中的应用

1. 彩叶地被植物在园林中的应用原则

（1）遵循彩叶植物生长规律的原则。首先要充分了解植物的生态习性，遵循生长规律，如光照强度、光质和照射时间等影响彩叶植物的呈色因素。有些彩叶植物如小丑火棘、花叶络石、水果兰、金叶女贞、金边阔叶麦冬、金边石菖蒲、金叶甘薯、金叶连翘等，只有在光照下才能使其颜色鲜艳，否则失去彩叶效果，叶片颜色变淡，达不到预期的观赏效果。

（2）遵循功能性和观赏性相结合原则。用于点缀假山石或花坛的，应选择较耐旱的低矮植物，如金叶连翘、金边阔叶麦冬、金边芒、金叶苔草、小丑火棘等。选择做地被的，应选择适应性强、耐修剪、耐粗放管理的植物，如金叶过路黄、金叶甘薯、黑麦冬、金叶大花六道木、金边菖蒲、金叶女贞等。选择做垂直绿化的，应是具有较强攀缘性的植物，如金脉银花、金边常春藤、金叶扶芳藤、花叶络石等。

（3）遵循彩叶地被植物种类与周围环境相协调的原则。彩叶地被植物的色彩要与反差较大的背景植物或建筑物进行搭配，才能获取最佳观赏效果。如在建筑物或立交桥下，为了与环境相适应，经常在平面上采用圆形、曲线形等几何图案，在立面上采用直线形、拱线形或波浪形。在大草坪上可进行大面积的色块种植或较大体量的片植。

总之，彩叶地被植物的应用要因地制宜，适地适栽，要注意季相、色彩的变化与对比，要与周围环境相协调，与功能相符合，以彰显地方特色为主，引进外来品种为辅。彩叶地被植物的应用已成为现代景观设计的新宠，但是如果运用不当，则会适得其反，破坏周围环境的协调性。因此，在园林绿地中如何正确认识、科学应用彩叶地被植物成为值得深入探讨的问题。

2. 彩叶地被植物在园林绿化中的应用

现代园林的发展已由简单的植树绿化转变为利用植物不同的观赏特性进行造景美化，彩叶地被植物由于其独特的叶色，在园林应用中可根据不同的立地条件选用不同的彩叶地被植物，应用日益广泛（见彩图1）。

彩叶地被植物在园林绿化中有独特的景观功能，可以片植覆盖裸露的地表；在小庭院、阳台、屋顶等地根据需要配植彩叶地被植物，可达到生机盎然或优雅的景观效果；在景观石旁、水体边配植可增加立体感和灵性；在林下配植能形成丰富的植物层次景观。

彩叶地被植物在园林绿化中有强大的生态功能,一般地被植物具有固土护坡、清洁空气、调节温湿度等功能。彩叶地被植物与普通地被植物相比,只要运用得当,容易形成景观中的亮点,色彩给人的感觉千差万别。

在园林绿化中彩叶地被植物可以做花坛、花境、道路及林缘、坡面绿化、林下栽植、庭园栽植等,形成多层次景观效果,极大地提高绿地的观赏性,并起到吸引游人的作用。

(1)花坛。要求植株低矮,叶色鲜艳,观赏效果良好。常用的彩叶地被植物有紫萼、彩叶草、银叶菊等。

(2)花境。花境内的植物要求植株高低搭配,花叶兼美,可以用彩叶灌木和宿根花卉混栽。常用的彩叶地被植物有花叶玉簪、金叶大花六道木、斑叶芒等(见彩图2)。

(3)道路及林缘。彩叶地被植物在道路绿化中常用作隔离带或花径点缀。种植在高架桥下则起到一定的亮化作用。红花檵木、金叶女贞、红叶石楠曾是道路绿化中出现频率最高的几种彩叶地被植物,无论是分车绿带还是立交桥绿化区,它们形成的大面积色块都带给人强烈的视觉冲击。近年来,随着新品种的挖掘和引进,道路绿地中又增添了许多亮丽的彩叶地被植物,如金边六月雪、花叶薄荷等。高架桥下由于环境阴湿,能应用的彩叶地被植物不多,较常见的有黄斑大吴风草、金边阔叶麦冬、花叶蔓长春花等种类。另外,作为密林与道路或草坪的过渡地段林缘,适当布置彩叶地被植物能够增强林缘的曲线美,使之成为绿地中一道极为亮丽的风景线。尤其是叶色深重的常绿阔叶林在林缘配植一些彩叶地被植物就能成为点睛之笔。

(4)坡面绿化。地被植物对于加固斜坡,防止坡面腐蚀具有极其重要的作用(如图1所示)。用于护坡种植的植物要求能在地表连续生长、养护管理简单且种植后能尽快成活,同时要考虑其景观效果。彩叶地被植物中符合这些条件的种类很少,加之立地条件的限制,因此可用作护坡的彩叶地被植物种类比较少,常见的仅有花叶蔓长春花、紫叶鸭跐草、金叶过路黄等。

图1 坡面绿化

（5）林下栽植。用于林下的植物主要是耐阴、耐贫瘠的种类，又要求枝形紧密、生性强健，具有较强的蔓延能力且能够抑制杂草的生长。由于植物彩叶的形成与保持，跟光照有密切的关系，彩叶植物多需全光照，因此适合用于林下应用的种类并不多，常见的有斑叶大吴风草、花叶玉簪、花叶蔓长春花、金边阔叶麦冬、洒金东瀛珊瑚、斑叶蜘蛛抱蛋等。

（6）庭园栽植。花叶玉簪是庭园中常见的地被植物，由于其叶姿娇莹、花苞似簪、色白如玉、清香宜人，给文人雅士提供了无穷的想象空间，常配植于假山石旁、水边，成为庭园中不可或缺的点缀。花叶蔓长春花、花叶常春藤等爬藤类植物亦是古典园林中的重要地被，人们常将它们植于山石上、小池边。此外，金边胡颓子、虎耳草、花叶燕麦草、菲白竹、紫叶鸭跐草、紫叶酢浆草等都可应用于古典园林中，或孤植，或丛植，或结合假山石布置，均可为庭园增色不少。

如今，观赏价值高、色彩丰富、生长稳定、抗逆性强的彩叶地被植物已越来越多地被应用到绿化设计中,成为现代园林中不可缺少的重要组成部分,但我国彩叶地被植物种类的开发及园林应用还存在着很大的空间,有待园林工作者对其进行调查研究,充分开发利用该资源,为园林绿化事业添彩。

二、主要彩叶地被植物介绍

（一）草本类彩叶地被植物

1. 花叶玉簪

花叶玉簪（*Hosta undulata* Bailey），为具花叶的园艺品种总称，百合科玉簪属，多年生草本植物（见彩图 3）。

形态特征　植株高 30～50 厘米，根状茎粗厚。叶基生成丛，卵形心状，具长柄，叶面或叶缘具乳黄色或银白色，弧形脉明显。顶生总状花序，高出叶丛，着花 10～15 朵，花管状漏斗形，淡紫色，一般傍晚开放，次日晚凋谢，花期 7～9 月。蒴果三棱状圆柱形。

分布与习性　原产中国、日本等国，目前我国除西北地区外各地均有分布。喜土层深厚和排水良好的肥沃壤土，喜阴湿，以荫蔽处为好。忌阳光直射，光线过强或土壤过干会使叶色变黄甚至叶缘干枯。耐寒，地上部分经霜后枯萎，翌春宿萌发新芽。

栽培技术　以分株繁殖为主，春秋两季均可进行。分株一般选择两三年生的老根萌发的植株，分株时先选好分割点，然后再进行切割，可以用一些坚硬的工具进行辅助分割，萌动后分株要特别小心，避免碰伤萌发的芽。栽植地注意阴湿条件，花前适当追肥可使植株生长开花更为繁茂。主要病害有锈病、炭疽病和灰斑病，可用 50% 多菌灵可湿性粉剂或 50% 退菌特可湿性粉剂 700～1 000 倍液，或 70% 百菌清可湿性粉剂 1 200 倍液等交替喷雾防治。每次间隔 7～10 天，连续喷施 3～4 次。主要虫害有蜗牛、蚜虫等。防治蜗牛时，每 100 平方米施入

6％蜗克星颗粒剂 50～100 克,在晴天的傍晚混合沙土 1.5～2.5 千克均匀撒施;防治蚜虫可用 1.8％阿维菌素 3 000 倍液,或 20％啶虫脒 3 000倍液,或 10％唏啶虫胺 1 000 倍液喷雾防治,喷雾时需均匀喷洒。

园林应用 花叶俱佳,可配植于溪流边、岩石旁,颇有自然气息。布置在建筑物北面和阳光不足的园林绿地中,开花时清香四溢,也可盆栽点缀室内。叶和花是切花常用材料。

2. 金边阔叶麦冬

金边阔叶麦冬(*Liriope muscari* 'Variegata'),又名花边麦冬,是百合科麦冬属的变种,多年生草本植物(见彩图 4)。

形态特征 植株高 30～50 厘米,根部有时局部膨大成纺锤形的小肉块根,有匍匐茎。叶宽细型,革质,叶边缘为金黄色,边缘内侧为银白色与翠绿色相间的竖向条纹,基生密集成丛。花红紫色,4～5 朵簇生,排列成细长的总状花序,花期 7～8 月,花茎长 30～90 厘米,通常高出叶丛。种子球形,初期绿色,成熟时黑色。

分布与习性 我国南北方地区都有栽培和应用。喜温暖、湿润环境。对土壤要求不高,但又以疏松肥沃、排水良好、土层深厚的砂质壤土为适,适种于丛林下荫蔽处、草地边缘、水景四周。喜阴湿,忌阳光暴晒,较耐寒。

栽培技术 以小丛分株繁殖。选生长旺盛、无病虫害的 2 年生以上苗木,剪去块根和须根以及叶尖和老根茎,拍松茎基部,使其分成单株。生长期间,每年 5 月开始,结合松土追肥 3～4 次。栽种后,经常保持土壤湿润,以利出苗。灌水和雨后应及时排水。病害主要有叶枯病、黑斑病,一般 4 月中旬始发,主要为害叶片,可用 70％甲基托布津1 000 倍液或 75％百菌清 800 倍液交替喷雾防治,每次间隔 10～15 天,连续喷施 2 次。虫害主要有蝼蛄、地老虎、蛴螬等,每亩可用 40％甲基异柳磷或 50％辛硫磷乳油 0.5 千克兑水 750 千克灌根防治。

园林应用 金边阔叶麦冬作为我国南北园林不可多得的品种,既可观叶也可观花,既能地栽也可上盆,是新优彩叶类地被植物,广泛应用于现代景观园林中林缘、草坪、水景、假山、台地修饰等处(如图2所示)。

图 2　金边阔叶麦冬地被

3. 黑麦冬

黑麦冬[*Ophiopogon japonicus*(L. f.)Ker－Gawl.'Nigrescens'],又名黑色沿阶草,百合科沿阶草属,多年生常绿草本植物(见彩图5)。

形态特征　植株矮小,高5～10厘米,根较粗,须根顶端或中部膨大成纺锤形的肉质小块根,地下走茎细长。叶丛生,无柄,线形,长10～50厘米,黑绿色。花单生或成对生于苞片腋内,顶生总状花序着花约10朵,白或淡紫色,花期5～8月。种子球形,果期8～9月。

分布与习性　分布于我国西南地区及江苏、安徽等省份。对土壤的要求不高,但在富含腐殖质的砂质壤土中生长良好。喜温暖、湿润和半阴环境,具一定的耐寒力和抗热性。

栽培技术　可用分株和播种繁殖,分株全年都可进行,但多在春季3～4月,分株成活率高。种子萌芽力强,春秋都可播种。栽培较简单,无需精细管理,但要求通风良好的半阴环境,经常保持土壤湿润。病虫害主要有叶枯病、黑斑病，一般 4 月中旬始发，主要为害叶片。可用 70％甲基托布津 1 000 倍液或 75％百菌清 800 倍液交替喷雾防治，每次间隔 10～15 天，连续喷施 2 次。

园林应用 黑麦冬作为自然界少有的黑色植物，可成片或配植栽于风景区的阴湿空地和湖畔，成为一道独特的风景张。

4. 金叶金钱蒲

金叶金钱蒲(*Acorus gramineus* 'Ogon')，又名金边石菖蒲，天南星科菖蒲属，多年生草本植物(见彩图 6)。

形态特征 株高 20～40 厘米，全株具香气。硬质的根状茎横走，多分枝。叶剑状条形，两列状密生于短茎上，全缘，先端渐尖，浓绿有光泽，中脉不明显，叶片和叶缘上有乳黄色纵斑。花期 4～5 月，花茎叶状，扁三棱形，肉穗花序，花小而密生，花绿色。浆果肉质，倒卵圆形。

分布与习性 原产我国和日本，是石菖蒲的一种。土壤以肥沃、疏松的壤土为好。喜阴湿环境，在郁密度较大的树下也能生长，但不耐阳光暴晒，否则叶片会变黄。不耐干旱，稍耐寒，在我国长江流域可露地生长。

栽培技术 常用分株繁殖，全年均可进行，以 9～10 月进行更好。将密生丛株掰开分栽，放半阴处养护，一般每隔 2 年分株 1 次，在我国南方地区露地能越冬。病害主要有叶斑病，可用 50％代森锌 1 000 倍液喷雾防治。主要虫害有粉虱，可用 10％扑虱灵乳油 1 000 倍液，或 10％吡虫啉 1 500 倍液等喷杀，主要喷在叶片背面，连续喷施 2～3 次。

园林应用 金叶金钱蒲作为优秀的常绿彩叶地被植物，在园林中常群植于疏林下或空旷地，也可作花坛、花径的镶边材料。

5. 黄斑大吴风草

黄斑大吴风草[*Farfugium japonicum*(L. f.)Kitam'Aureo-mac-ulatum']，又名花叶大吴风草，斑点大吴风草，菊科大吴风草属，多年生草本植物(见彩图 7)。

形态特征 根状茎粗大，茎高 30～70 厘米。基生叶，莲座状，革质,肾形,浓绿色,上面布满星点状黄斑,边缘波角状。花葶高达 70 厘米,幼时密被淡黄色柔毛,后多脱落,基部被极密柔毛。头状花序组成松散复伞状,舌状花 10～12 枚,黄色,花期 8～11 月。

分布与习性 原产于我国东部部分省份以及日本、朝鲜。原生地位于林下或林边阴湿地、溪沟边、石崖下。喜半阴和湿润环境,耐寒,在江南地区能露地越冬,怕阳光直射,也耐干旱,对土壤适应度较好,但以肥沃疏松、排水好的壤土为宜。

栽培技术 常用分株繁殖,可露地栽培,管理可较粗放,冬季地上部分枯死,翌春会自行发芽展叶。生长季节保持土壤湿润,但勿积水,每月施 1 次液肥,适当遮阴,在一定的自然散射光条件下叶色会更有光泽。抗病虫害。

园林应用 适宜大面积种植,作林下地被或立交桥下地被,也可做室内盆栽观叶,观花效果不错,药用价值高。

6. 紫叶酢浆草

紫叶酢浆草[*Oxalis triangularis* subsp. *papilionacea*（Hoffmanns. ex Zucc）Lourteig],又名三角酢浆草,酢浆草科酢浆草属,多年生宿根草本植物(如图 3 所示)。

图 3　紫叶酢浆草

形态特征 植株高 15～30 厘米,叶从茎顶长出,三出掌状复叶,簇生,小叶倒三角形,小叶柄极短,叶正面玫红,叶背面深红色,有光泽。叶片白天挺立开张,夜间收拢垂闭。花为伞形花序,浅粉色,花瓣 5 枚,5～8 朵簇生在花茎顶端。花瓣倒卵形,微向外反卷,花期 5～11 月。蒴果近圆柱状。

分布与习性 原产南美,我国成功引种,现主要在华南地区、长江流域、淮河以北地区栽培应用。以疏松肥沃、排水良好的砂壤土为宜。喜温暖湿润和半阴环境,较耐低温,冬天在 -5℃以上常绿,较耐阴,忌烈日暴晒,较耐干旱,畏积水。

栽培技术 分株繁殖为主,以春季 4～5 月分株最好,分株时先将植株掘起,掰开球茎分植,也可将球茎切成小块,每小块留 3 个以上芽眼,放进沙床中培育,15 天左右即可长出新植株,待生根展叶后移栽。常见病害有叶斑病、根腐病和灰霉病,可在雨季之前或发病初期用 50％多菌灵 500～800 倍液,或 70％甲基托布津 800～1 000 倍液,或 75％百菌清 600 倍液交替喷雾防治,每次间隔 7～10 天,连续喷施 3～4 次,防治效果较好。主要虫害有红蜘蛛、同型巴蜗牛和野蛞蝓等。红蜘蛛可用 6％吡虫啉乳油 3 000～4 000 倍液,或 73％克螨特乳油 2 000 倍液喷杀;同型巴蜗牛和野蛞蝓可用灭蜗灵 800～1 000 倍液喷杀。

园林应用 紫叶酢浆草是极好的盆栽和地被植物,可在花坛、花境、花带中作为地被植物,栽植于庭园草地或大量使用于住宅小区、园林绿化以及道路河流两旁的绿化带,让其连成一片,形成美丽的紫色色块,也可与其他绿色和彩色植物配合种植(见彩图 8)。

7. 赤胫散

赤胫散(*Polygonum runcinatum* var. *sinense* Hemsl),又名散血草,蓼科蓼属,多年生草本植物(见彩图 9)。

形态特征 株高 30～50 厘米,丛生,茎较纤细,紫色,茎上有节。春季幼株枝条、叶柄及叶中脉均为紫红色,夏季成熟叶片绿色,中央有锈红色晕斑,叶缘淡紫红色,叶互生,卵状三角形。头状花序,常数个生于茎顶,上面开粉红色或白色小花,花期7～8月。黑色卵圆形瘦果。

分布与习性 分布于我国台湾、陕西、甘肃、河南、湖北、湖南、贵州、云南、四川等省,印度、菲律宾、印度尼西亚也有分布。生于海拔500～1 500米的山谷水沟边等阴湿处,栽培以疏松、肥沃、排水良好的土壤较好。喜阴湿,能耐寒。

栽培技术 用分株和种子繁殖,以分株繁殖为主。冬季倒苗后到春季未出苗前,挖起根茎,分成单株,每株需留芽和须根。分株可于春秋进行,播种宜在春季。管理略粗放,宜适当遮阳,秋冬季节将地上枯萎部分及时清理,以利于翌年春季发出新枝。赤胫散适应能力强,病虫害极少。

园林应用 适宜布置于花境、路边或栽植于疏林下。

8. 花叶鱼腥草

花叶鱼腥草(*Houttuynia cordata* Thunb. var. *variegata* Makino),三白草科蕺菜属,多年生挺水草本植物。

形态特征 具有地下根状茎,匍匐生长,具节,节上生根、芽,白色;地上叶为心脏形或阔卵形,具花斑,呈现出红色、绿色、褐色、黄色等几种颜色;花期4～9月。果期6～10月。

分布与习性 我国从日本引种,现在全国各地均有栽培。对土壤、水质的要求不十分严格,在肥沃中性的土壤中生长发育良好。喜温暖湿润的环境,适宜生长的温度为15～35℃,10℃以下停止生长。

栽培技术 采用种子繁殖和扦插繁殖的方式,种子繁殖一般在春季的3月底至4月初进行播种,1个月后种子可发芽生根,经培养,长出茎、叶后进行移栽定植。扦插繁殖是利用花叶鱼腥草发达的根状茎,使鱼腥草快速发新根、萌幼芽,在当年的4月上中旬,将根茎切成小块进行扦插种植。主要病害有白绢病、紫斑病,可与禾本科作物轮作进行防治,可在播种前用50%多菌灵粉剂500倍液浸种5～10分钟再播种,发现病株要及时拔除,发病初期可用 70％ 代森锰锌 500 倍液喷雾防治,每次间隔 7～10 天,连续喷施 2～3 次。主要虫害有小地老虎、斜纹夜蛾、红蜘蛛等。防治小地老虎、斜纹夜蛾可在栽植前深翻土壤(30 厘米以上)并晒田,用辛硫磷拌细土毒土处理,当田间虫口密度较大时,用 2.5％ 敌杀死 6 000 倍液或 40％ 乐斯本乳油在傍晚灌根处理。红蜘蛛可用 5％ 扫螨净乳油 1 500 倍液喷杀,每次间隔 7～10 天,连续喷施 2～3 次。

园林应用 利用行道树的遮阴效果,在街道的两旁群植花叶鱼腥草形成花带,或在街道的转角处、广场花池里、台阶旁与其他花草混种,群植成花境,设计成多种图案,也可点缀于假山、堆石旁,亦可盆栽垂吊于花廊上,或在室内水族箱内培养。

9. 矾 根

矾根(*Heuchera micrantha* Dougl.),又名珊瑚铃,虎耳草科矾根属,多年生草本植物(见彩图 10)。

形态特征 株高 50～60 厘米。叶基生,有阔叶型和小叶型,叶色繁多,可分为绿色系、金色系、橙色系、红色系、紫色系、混色系及花叶系等,在温暖地区常绿。复总状花序,花小,钟状,以红色和白色为主,花径两侧对称。花期 4～6 月。

分布与习性 原产于北美地区。喜中性偏酸、排水良好、疏松肥沃的壤土。适宜生长的 pH 为 5.8～6.2。喜半阴环境,耐全光,忌强光直射。极耐寒,可耐 -34℃ 低温。

栽培技术 可采用播种、分株和扦插繁殖。种植十分容易,无论光照条件为全光照还是部分遮阴,无论栽培土壤为轻微湿润还是轻微干燥,无论湿度高还是湿度低,矾根均能生长良好。病虫害非常少,偶有灰霉病、根腐病或者蚜虫的发生。灰霉病可用 50％ 腐霉利可稀释粉剂 1 000～2 000 倍液或 50％ 乙烯菌核利干悬浮剂 1 500 倍液交替喷雾防治,每次间隔 7～10天,连续喷施 2 次。根腐病可用 50％ 瑞毒霉可湿性粉剂 800 倍液灌根处理。蚜虫可用 5％蚜虱净乳油 1 000 倍液,或用 5％吡虫啉乳油 1 000 倍液喷杀。

园林应用　矾根是少有的彩叶阴生地被植物,具有艳丽的色彩,且叶片颜色会随着环境的改变而改变,多用于林下花境、花坛、花带、地被、庭园绿化等,也可盆栽。

10. 银叶蒿

银叶蒿(*Artemisia argyrophylla* Ledeb.),又名茵陈蒿,菊科蒿属,多年生草本或亚灌木植物(见彩图 11)。

形态特征　植株有浓厚的香气。主根稍粗,木质根状茎短,具多数营养枝,且与茎共组成密丛。茎直立,高 30～50 厘米。叶倒卵状椭圆形或椭圆形,银灰色。花杂性,淡紫色,头状花序卵圆形。瘦果长圆形或倒卵状长圆形,纵纹明显,常有不对称的膜质冠状边缘。

分布与习性　原产于浙江沿海地区,分布于我国台湾省及东部沿海地区。生于路旁、河边、海滨沙地、低山坡较潮湿处。耐寒,喜光,不择土壤,尤耐盐碱。

栽培技术　采用播种或分株繁殖。生长势强,可以粗放管理。

园林应用　银叶蒿生性强健,适合不同环境条件的景观布置应用。株形丰满,线条柔和,可用作软化硬质景观的地被材料。

11. 银叶菊

银叶菊(*Senecio cineraria* DC.),又名雪叶菊、白绒毛矢车菊,菊科千里光属,多年生草本植物(如图 4 所示)。

形态特征　植株多分枝,高度一般在 50～80 厘米。叶一至二回羽状分裂,叶片质较薄,叶片缺裂,正反面均被银白色柔毛,如雪花图案。头状花序单生枝顶,花小、黄色,花期 6～9 月。种子 7 月开始陆续成熟。

分布与习性　原产于巴西。喜凉爽湿润、阳光充足的气候和疏松肥沃的砂质壤土或富含有机质的黏质壤土。较耐寒、耐旱,喜阳光充足

图 4　银叶菊

的环境。不耐酷暑,高温、高湿时易死亡。最适宜生长温度为 20～25℃,在 25℃时,萌枝力强。

栽培技术　银叶菊常用种子繁殖,一般在 8 月底 9 月初播于露地苗床,半个月左右出芽整齐,苗期生长缓慢。此外,银叶菊也可扦插繁殖。主要病害有叶斑病、茎腐病等。叶斑病可用 50% 退菌特可湿性粉剂 800～1 000 倍液,或 38% 恶霜嘧铜菌酯 800～1 000 倍液,或 80% 代森锰锌 400～600 倍液交替喷雾防治。茎腐病可在发病期用 70% 可湿性粉剂甲基托布津 800～1 000 倍液＋柔水通 1 500～3 000 倍液或 50% 苯来特 1 000 倍液＋柔水通 1 500～3 000 倍液喷雾防治。

园林应用　银叶菊银白色的叶片远看像一片白云,与其他纯色花卉配合栽植,效果极佳。是重要的地被观叶植物,银叶菊配植见彩图 12。

12. 芙蓉菊

芙蓉菊[*Crossostephium chinense*(L.)Makino.],又名香菊、玉芙蓉、千年艾、蕲艾,菊科芙蓉菊属,多年生草本或半灌木植物(见彩图13)。

形态特征　株高 10～40 厘米,上部多分枝,密被灰色短柔毛。叶聚生枝顶,狭匙形或狭倒披针形,顶端钝,基部渐狭,两面密被灰色短柔毛,质地厚。头状花序盘状,生于枝端叶腋,排成有叶的总状花序,总苞半球形。瘦果矩圆形,撕裂状。花果期全年。

分布与习性 原产于我国福建、台湾等省,中南半岛、菲律宾、日本也有栽培。土质以有机质丰富的疏松壤土为佳。性喜温暖、湿润气候,喜光,耐热,耐旱,耐大风,耐碱,不耐水渍,不耐寒,不耐阴,生育期适宜温度为 20～32℃。生长比较缓慢。

栽培技术 可采用圈枝、播种和扦插法繁殖。圈枝在 3～4 月进行。播种通常在 4～5 月进行,一般采种后即行播种,大约 2 周后可发芽。在幼苗阶段最忌骤雨侵袭,否则会使全部幼苗毁于一旦,因此苗期防雨成为育苗阶段成败的关键。扦插法以春、秋季为适期,大苗易于管理,当植株老化开花时,需及时修剪,去除花蕾,以保持球面状银白色的株形。生长期间每周追施 1 次肥料,9 月追施 2 次以磷钾肥为主的肥料,以提高植株的抗寒能力,10 月后停止施肥。浇水要掌握"宁干勿湿"的原则。主要病害是烂根病,是由土壤的通透性差、积水引起的,可改善土壤进行预防;虫害主要有蚜虫、红蜘蛛等,可用 1.8% 阿维菌素 3 000～5 000 倍液喷杀。

园林应用 芙蓉菊的抗逆性、适应性很强,广泛应用于园林绿化、盐碱地改造等。

13. 心叶岩白菜

心叶岩白菜[*Bergenia cordifolia*(Haw.)Stemb.],虎耳草科岩白菜属,多年生常绿草本植物。

形态特征 株高 15～50 厘米。叶革质,心形,丛生如莲座状,螺旋状排列,冬季叶色变为锈褐色至棕红色,比较耐寒,冬季叶色虽不再浓绿但不枯萎。聚伞花序,小花圆锥形,花色粉红。花期冬末至春季。

分布与习性 原产于欧亚大陆温带地区。适宜疏松肥沃和排水良好的腐叶土,喜温暖湿润和半阴环境,耐寒性极强,怕高温和强光,不耐干旱,夏季喜凉爽爽气候,早春开花,姿态优美。

栽培技术 种子播种繁殖,一般 1～2 月在育苗盆中均匀撒播,轻轻镇压,覆少量土或细沙,用塑料薄膜覆盖保湿、保温,出苗最佳温度 25～28℃,一般 8～15 天出齐苗,120 天左右可以移栽。春季分株影响开花,一般在秋季分株。秋季将植株挖起后,以 2～3 芽为一丛栽植,栽后浇透水,再把分株遗留的根状茎埋在洗过的炉渣或珍珠岩中,然后放进温室,8～12 天萌发幼苗,30～35 天可移栽。分株繁殖和扦插繁殖获得成苗时间短,且当年可见花。常见病害有褐斑病,可用 65％代森锌可湿性粉剂 600 倍液喷雾防治;主要虫害有蚜虫,可用 1.8％阿维菌素 3 000～5 000 倍液喷杀。

园林应用 心叶岩白菜可用于花坛、花境、山坡、林下种植,成片或点缀,效果都很好,也可将心叶岩白菜栽植于开阔草坪的周围、林缘等。

14. 金叶佛甲草

金叶佛甲草(*Sedum lineare* Thunb.),又名万年草、佛指甲、半支连、狗牙菜等,景天科景天属,多年生肉质草本植物(见彩图 14)。

形态特征 植株丛生,高 10～20 厘米,无毛,不结实枝纤细,基部节上生不定根。叶通常 3～4 片轮生,淡黄色,叶线形,先端钝尖,基部无柄,有短距。花序聚伞状,顶生,疏生花,花期 5～6 月,开金黄色花。种子小,果期 6～7 月。

分布与习性 佛甲草变异品种。原产于我国和日本,在我国分布很广。生长适应性强,性喜温暖,耐寒,耐干旱,耐盐碱,不择土壤,生长茂盛,覆盖地面能力强,速度快。不论是在强光下,还是在屋后阴坡或是多日阴雨少量积水情况下,都能正常生长。

栽培技术 分株、扦插和播种繁殖。养护管理十分便利。抗病虫害。

园林应用 金叶佛甲草可广泛栽植于屋顶、路旁、小区、广场、街心花园、石间(如图 5 所示)、石坎(如图 6 所示)等处,是花境、花坛布景的

图 5　金叶佛甲草布置于石间　　图 6　金叶佛甲草配植于石坎

优良植物。

15. 彩虹马齿苋

彩虹马齿苋(*Portulaca oleracea* L.'Hana Misteria')，又名马齿苋锦、太阳花锦、斑叶太阳花，马齿苋科马齿苋属，多年生草本植物(见彩图15)。

形态特征　植株匍匐低矮，茎肉质，红色。叶互生，卵圆形，叶端钝圆，叶基部钝状，叶片微厚，肉质化，叶片中间有深浅交替的绿色，四周为乳白色的斑纹，叶缘有粉色或玫瑰红的晕边，环境温差大时叶片颜色非常漂亮。花单生或簇生，两性花，花瓣5枚，桃红色，能够自花授粉。种子为黑色，扁圆形。

分布与习性　日本培育品种，属于马齿苋的锦斑品种。彩虹马齿苋对土壤的要求不严，最宜排水良好的砂质壤土。喜温暖、阳光充足和凉爽干燥的环境，耐半阴，怕水涝，忌闷热潮湿，具有冷凉季节生长，夏季高温休眠的习性。花仅于阳光下开放，阴天闭合。

栽培技术　采用扦插或分株繁殖。枝条扦插比较简单，春季和秋季把健壮的老枝条取下晾干，扦插在湿润的沙土上即可。保持阴凉通风的环境20天以上即可长根,扦插时不要经常浇水。当夏季温度超过35℃时,整个植株生长基本停滞,这时应减少浇水,防止因盆土过度潮湿引起根部腐烂。抗病虫害。

园林应用 彩虹马齿苋叶色漂亮,花色艳丽,花期长,通常布置于花坛、花境等,近来作为地被植物广泛应用于道路、公园、居住区及街道两旁的绿化。

16. 红莲子草

红莲子草(*Alternanthera paronychiodies* Stihill),又名红节节草、红棕草、五色草、织锦苋、模样苋,苋科莲子草属,多年生落叶草本植物(见彩图16)。

形态特征 茎直立或基部匍匐,多分枝。单叶对生,稍有柔毛,叶片长圆形、倒卵形或匙形,基部渐狭,边缘皱波状,绿色或红色,或部分绿色,杂以红色或黄色斑纹。头状花序顶生及腋生,2~5个丛生,无总花梗,苞片及小苞片卵状披针形,先端渐尖,白色。果实不发育,花果期8~9月。

分布与习性 原产于巴西,我国各大城市都有栽培。土壤要求富含腐殖质、疏松肥沃的砂质壤土。喜温暖、湿润的气候及充足的阳光,不耐寒。适合庭院及水边湿地美化。

栽培技术 扦插繁殖,全年均可进行。选取健壮母株上带2个节的嫩枝顶端作插穗,插后防止阳光暴晒,约5~7天生根,10~12天移栽1次,缓苗后再定植,温度需要保持在20℃左右。生长期多次摘心和修剪可保持其矮性和密实性,母株栽植宜在气温16~18℃,日照充足和通风良好的温室中越冬。抗病虫害。

园林应用 红莲子草作为园林水景镶边材料或湿地彩叶地被植物。

17. 彩叶草

彩叶草[*Plectranthus scutellarioides*(L.)R. Br.],又名洋紫苏、锦

紫苏、五色草、老来变,唇形科鞘蕊花属,多年生草本植物(见彩图 17)。

形态特征 株高 30~50 厘米,全株被微柔毛。茎通常紫色,四棱形,具分枝。叶膜质,其大小、形状及色泽变异很大,通常卵圆形,边缘具圆齿状锯齿或圆齿,色泽多样,有黄、暗红、紫色及绿色,下面常散布红褐色腺点,叶柄伸长。轮伞状总状花序,花小,多花,花期 7~9 月。坚果宽卵圆形或圆形,褐色,具光泽。

分布与习性 原产于印度尼西亚的爪哇岛,现在世界各国均广泛栽培。性喜温暖湿润、光照充足且通风良好的环境,要求富含腐殖质、肥沃疏松而排水良好的砂壤土。喜温性植物,适应性强,冬季温度不低于 10℃,夏季高温时稍加遮阴,喜充足阳光,光线充足能使叶色鲜艳。

栽培技术 采用扦插和播种繁殖。生长季每月施 1~2 次以氮肥为主的稀薄肥料。幼苗期应多次摘心,以促发侧枝,使株形饱满。花后,可保留下部分枝 2~3 节,其余部分剪去,以便重发新枝。彩叶草苗期要注意立枯病的发生,此时要控制浇水,适当通风。生长期主要病害有灰霉病、疫病、菌核病、白绢病、细菌性软腐病、白粉病、锈病、黑斑病、褐斑病、病毒病等,要防止栽培棚内高温、高湿,适当通风,少施氮肥。真菌性病害可用 80%代森锰锌 600 倍液,30%多菌灵、福美双 600 倍液,50%腐霉利 1 000~2 000 倍液交替喷雾防治,每次间隔 10~15 天,连续喷施 3~5 次。细菌性软腐病可用 38%恶霜嘧铜菌酯 800 倍液或 50%代森铵 600~800 倍液交替喷雾防治,每次间隔 7~10 天,连续喷施 2~3 次。病毒病需在发病初期用 20%吗啉胍·乙酮 500 倍液,或 10%羟烯 1 000 倍液交替喷雾防治,每次间隔 7~10 天,连续喷施 2~3 次。彩叶草的虫害主要是蚜虫,可用 10%吡虫啉粉剂 1 500 倍液,或艾美乐 20 000 倍液喷杀。

园林应用 彩叶草可作花境、花坛、公园等地布景植物,也可配植形成图案,还可作为花篮、花束的配叶使用。

18. 红龙草

红龙草(*Altemanthera ficoidea* L. 'Ruliginosa'),又名紫杯苋,苋

科虾钳菜属,多年生草本植物。

形态特征 株高 15～20 厘米。叶对生,叶色紫红至紫黑色,极为雅致。冬季开花,头状花序密聚成粉色小球,无花瓣。

分布与习性 原产于南美洲,现各地多有栽培。土质以肥沃壤土或砂质壤土为佳,排水需良好。生性强健,耐旱。栽培地点日照需充足,日照不足易徒长,叶色不良,且无法密短细化。性喜高温,适宜的生育温度为 20～30℃。

栽培技术 可用分株或扦插繁殖,大量育苗以扦插为主,春至秋季均能育苗。剪取顶芽或未老化枝条作插条,每段 5～10 厘米,插于河床中,搭建小拱棚,上方采用遮阳网遮阳接受光照 60%～70%,10～15 天能发根成苗。大面积栽培,可先行整地,再剪枝,每 3～5 枝为一簇,直接扦插于营养土上,追肥可用有机肥料或复合肥,每月施用 1 次,如枝条过长或不够密集,应作适度修剪,促使萌发新枝。成株后耐旱性增强,应减少水分供应,以抑制其长高,老化的植株应更新栽培。

园林应用 红龙草可在花台、庭园丛植或列植及在高楼大厦中庭美化,以加强色彩效果。大面积栽培视觉效果极佳,也可构成图案美化。

19. 花叶薄荷

花叶薄荷[*Mantha rotundifolia*(L.)Huds.'Variegata'],唇形科薄荷属,多年生草本植物(见彩图 18)。

形态特征 茎直立,高 30～60 厘米,四棱形,多分枝。叶对生,有柔毛,卵状披针形,叶缘有较宽的乳白色斑。轮伞花序,粉红色,花期 7～8 月。小坚果卵珠形,黄褐色,具小腺窝,果期 10 月。全株揉搓后有特殊清凉香气。

分布与习性 为凤梨薄荷的园艺品种,主要产地为美国、西班牙等。我国栽培主要分布在江苏、浙江、江西等省。对土壤的要求不十分严格,喜中性土壤,pH 6.5～7.5 的砂壤土、壤土和腐殖质土均可种植。

喜光,喜湿润,耐寒,生长最适温度为 20～30℃。性喜阳光充足,显蕾开花期要求日照充足和干燥天气,忌连作。

栽培技术 可采用分株、扦插繁殖。主要病害有黑胫病、锈病和斑枯病。黑胫病发生于苗期,症状是茎基部收缩凹陷、变黑、腐烂,植株倒伏、枯萎,可在发病期间每亩用 70％敌克松可湿性粉剂 1 000～1 500 倍液浇于土表,或用 75％百菌清可湿性粉剂 600 倍液喷雾防治,每次间隔 8～10 天,连续喷施 2 次。锈病在 5～7 月易发,可用 25％粉锈宁 1 000～1 500 倍液喷洒于叶片防治。斑枯病在 5～10 月发生,发病初期可用 65％代森锌 500 倍液喷雾防治,每次间隔 7 天,连续喷施 2～3 次。

园林应用 花叶薄荷可作花境材料或盆栽观赏,也可作为观叶地被植物应用于自然式园林绿化。

20. 绵毛水苏

绵毛水苏(*Stachys byzantine* K. Koch ex Scheele),又名棉毛水苏,为唇形科水苏属,多年生草本植物(见彩图 19)。

形态特征 株高 30～60 厘米,全株被灰白色丝状绵毛。茎四棱形。叶片对生,椭圆状卵形至宽披针形,全缘,密被绵毛呈灰绿色。轮伞花序,花紫色或粉色,花期 6～8 月。未成熟小坚果长圆形,褐色,无毛。

分布与习性 原产于巴尔干半岛、黑海沿岸至西亚,为我国引进栽培的种类。喜排水良好、轻质的土壤,喜光,耐热,耐寒,耐旱,不耐湿。最低可耐－29℃低温。

栽培技术 秋天播种或春天分株,栽培较为简便。抗病虫害。

园林应用 绵毛水苏的银灰色叶片柔软而富有质感,在长江流域园林中大量应用。可在花境、岩石、花坛中配植,也可在草坪中用作色块。

21. 花叶美人蕉

花叶美人蕉(*Cannaceae generalis* L. H. Baiileg cv. Striatus),又名

粉美人蕉,美人蕉科美人蕉属,多年生草本植物。

形态特征 株高1.5~2米,根状茎粗壮,地上茎直立不分枝。叶宽椭圆形,互生,有明显的中脉和羽状侧脉,镶嵌着土黄、奶黄、绿黄等颜色。总状花序顶生,花黄色,无斑点,花期长,自初夏至秋末陆续开放。蒴果长圆形。

分布与习性 美人蕉的变种。原产于南美洲和西印度群岛,现各国都有栽培。长势强健,适应性强。喜深厚肥沃的酸性土壤,喜高温、高湿、阳光充足的气候条件,耐半阴,不耐瘠薄,忌干旱,畏寒冷。

栽培技术 以分株繁殖为主,一般在4~5月进行,分株时将地下茎从土壤里挖出,用利刀将块茎分成若干块,每块块茎上要具有2~3个芽眼。栽植深度为8~10厘米。栽培管理便利。花叶美人蕉主要的病害有锈病,可用15%粉锈宁粉剂1500倍液或50%速克灵1 500倍液喷雾防治,每次间隔7~10天,连续喷施2~3次。主要虫害有蜗牛、蛞蝓、吹绵蚧、粉虱等。蜗牛、蛞蝓可每亩用6%四聚乙醛颗粒剂500~750克,掺沙子或细干土20~30千克于傍晚撒于田间,或每亩用80%四聚乙醛(密达)可湿性粉剂30~60克,兑水30千克于傍晚进行喷杀,10~15天后可再防治1次。吹绵蚧可用40%杀扑磷1 200倍液或28%蚧宝乳油1 200倍液喷杀,每次间隔7~10天,连续喷施2~3次。粉虱可用8%阿维菌素乳油2 500倍液或10%吡虫啉粉剂1 500倍液喷杀,每次间隔7~10天,连续喷施2~3次。

园林应用 花叶美人蕉是美人蕉中最具观赏价值的品种之一,叶面黄绿相间,叶色俏丽,花期长,常在花坛、街道花池、庭园等公共场所丛植或成片栽植。

22. 银边山菅兰

银边山菅兰[*Dianella ensifolia* 'White Variegated'],百合科山菅兰属,草本植物。

形态特征 根状茎横走,结节状,节上生纤细而硬的须根。茎挺直,坚韧,近圆柱形。叶近基生,2列,叶片革质,线状披针形,边缘有淡黄色边,长30~60厘米,宽1.0~2.5厘米。花葶从叶丛中抽出,圆锥花序长10~30厘米,花一般夏季开放,花色为淡紫色、绿白色或淡黄色。浆果紫蓝色,花果期6~11月。

分布与习性　园艺栽培品种,分布于广东、广西、云南、贵州、江西、福建、台湾、浙江等省、自治区。银边山菅兰对土壤条件要求不严,在贫瘠、肥沃的土壤中都能生长,但不耐旱。耐阴,在半阴的地方生长良好,但对开花结果有影响,多开花而不结果。喜高温多湿,越冬温度在5℃以上。

栽培技术　分株繁殖,在春天播种繁殖。气温回升时移植,初期需要定期适当浇水,移栽当年一般不能开花。第2年的早春,应适当疏剪,除去老叶,有利于新茎叶萌发。种植3年以上应进行分株,有利于更好的生长。银边山菅兰抗病虫能力强,只在高温多雨或植株过密的情况下,偶有叶斑病、炭疽病等发生,可用50%多菌灵1 000倍液喷雾防治;虫害主要有介壳虫,防治适期应在若虫盛发期,可用40%杀扑磷2 000~3 000倍液喷杀。

园林应用　银边山菅兰具有极高的观赏价值,可配植于路边、庭院和水际做点缀观赏。但银边山菅兰全草有毒,尤其浆果颜色为紫蓝色,非常诱人,容易导致儿童误食,故不宜配植于幼儿园、儿童游乐园等场所。

23. 羽衣甘蓝

羽衣甘蓝(*Brassica oleracea* L. var. *acephala* DC.),十字花科芸苔属,二年生草本植物(见彩图20)。

形态特征　羽衣甘蓝主要有三个不同品种:一是圆叶系列,叶片稍带波浪纹,抗寒性好;二是皱叶系列,叶缘有皱褶,在高温条件下比其他品种着色快;三是羽衣系列,羽毛状的叶片全部具有细碎锯齿或粗锯齿。叶基生,其中心叶片颜色尤为丰富,整个植株形如牡丹,叶大而肥厚,叶色丰富,叶形多变,幼苗与食用甘蓝极像,但长大后不结球。开花时总状花序高达 1.2 米。果实为角果,扁圆形,种子圆球形,褐色。

分布与习性　结球甘蓝(卷心菜)的园艺变种。对土壤适应性较强,喜肥沃土壤。在钙质丰富、pH 5.5～6.8 的土壤中生长最旺盛。喜冷凉气候,极耐寒,不耐涝。可忍受多次短暂的霜冻,耐热性也很强,生长势强,栽培容易,喜阳光,耐盐碱,生长适宜温度为 20～25℃,种子发芽的适宜温度为 18～25℃。

栽培技术　主要以播种繁殖。育苗可采用营养杯育苗及苗床育苗两种方式,8～12 月份均可育苗移栽。主要病害有霜霉病、软腐病、黑斑病等。霜霉病可用 70％代森锰锌 600 倍液,或 75％百菌清 600～800 倍液交替喷雾防治,每次间隔 5～7 天,连续喷施 2～3 次。软腐病可用农用链霉素按 200 毫克/千克配成药液灌根处理,或用新植霉素以同样浓度灌根处理。黑斑病可用 70％代森锰锌 400～600 倍液,或 58％甲霜锰锌 500 倍液交替喷雾防治,每次间隔 5～7 天,连续喷施 2～3 次。主要虫害有蚜虫、卷叶蛾、菜青虫、菜粉蝶等。蚜虫可用 10％吡虫啉粉剂 1 500 倍,或艾美乐 20 000 倍液喷杀。卷叶蛾、菜青虫、菜粉蝶可用 40％毒丝本乳油 800 倍液或 4.5％高效氯氰菊酯 2 000 倍液喷杀。

园林应用　羽衣甘蓝常用作装饰组成各种美丽的图案,新颖亮眼。常见于公园、街道、花坛。

24. 紫三叶

紫三叶(*Trifolium repens* 'Purpurascens Quadrifolium'),又名紫叶车轴草,豆科车轴草属,多年生草本植物(见彩图 21)。

形态特征　植株高 10～30 厘米,无毛。主根短,侧根和须根发达。茎匍匐蔓生,易生不定根。叶基生,掌状三出复叶,叶片或叶脉周围深紫色,小叶倒卵形或近倒心形。总状花序,具小花数十朵密集而成头部,总花梗甚长,比叶柄长近 1 倍,花白色,花期 5～7 月。

分布与习性 世界各地均有栽培。不择土壤条件,但宜排水良好的中性或微酸性土壤,不耐盐碱。喜温暖,也耐寒,生长适宜温度为19~24℃,喜阳光也耐阴。抗逆性强,耐旱耐践踏。

栽培技术 播种繁殖为主,也可分株和扦插。撒播时,一般将种子撒在土表,略加覆土即可。再生能力强,较耐修剪。易受杂草侵害,应注意及时除草。抗病虫害。

园林应用 紫三叶草层低密,叶色鲜艳,地面覆盖度好,适合片植营造优良的地被景观,也适合于花坛镶边或点缀于不同主题的花境中,以增强色彩的丰富度。

(二)观赏草类彩叶地被植物

1. 花叶燕麦草

花叶燕麦草[*Arrhenatherum elatius* var. *bulbosum* 'Variegatum'],又名银边草、丽蚌草、大蟹钓,禾本科燕麦草属,多年生常绿宿根草本(见彩图22)。

形态特征 全株高度在25厘米左右,株丛高度一致,须根发达。茎簇生。叶线形,叶宽1厘米,长10~15厘米,叶片中肋绿色,两侧呈乳黄色,夏季两侧由乳黄色转为黄色。圆锥花序狭长。不结实。

分布与习性 原产于英国,我国已引种栽培。对土壤要求不严,在贫瘠土壤生长正常,但在肥沃、深厚的壤土中生长则更茂盛。喜光亦耐阴,喜凉爽湿润气候,在冬季－10℃时生长良好,也能耐一定的炎热高温,在室外气温达到50℃左右时,仍能安全度夏,能耐1~2个月的干旱,也耐水湿,在黄梅多雨季节,排水不畅的情况下,生长良好。花叶燕麦草生长健壮,管理粗放。周年生长表现为:1~5月为正常生长期,5月后天气转暖,夜间最低气温达25℃以上时生长缓慢,直至8月上旬,立秋后,天气转凉,又逐渐转为正常生长。

栽培技术 主要用种子繁殖,春燕麦可在4月上旬开始播种,冬燕麦在 10 月下旬播种。单播行距 15～30 厘米,混播行距 30～50 厘米,每亩种子用量为 10～15 千克。由于生长较快,需要在分蘖期和孕穗期各施一次肥。花叶燕麦草抗病虫害。

园林应用 花叶燕麦草是观叶地被植物,色彩清洁明快,特别在冬季,万物沉睡,绿叶凋零,它却生机盎然。可布置于花境、花坛和大型绿地。

2. 花叶芦竹

花叶芦竹(*Arundo donax* 'Versicolor'),又名花叶芦荻,禾本科芦竹属,多年生挺水草本植物(见彩图 23)。

形态特征 具发达根状茎。秆粗大直立,多节,高 1.5～3 米,上部节常生分枝。叶鞘长于节间,无毛或颈部具长柔毛,叶片扁平,长 30～50 厘米,有黄白色宽窄不等条纹,上面与边缘微粗糙,基部白色,抱茎。圆锥花序长 30～60 厘米,分枝稠密,斜升,花淡绿色至紫色。颖果细小、黑色。花果期 9～12 月。

分布与习性 原产于欧洲南部,我国广东、海南、广西、贵州、云南、四川、湖南、江西、福建、台湾、浙江、江苏等地都有分布。适生于河岸道旁的砂质壤土上。南方各地庭园引种栽培。喜温喜光,耐湿较耐寒。

栽培技术 可用播种、分株、扦插方法繁殖,一般用分株方法,早春挖取有幼苗的根茎进行移植。扦插可在春天或初秋进行,将花叶芦竹茎秆剪成 20～30 厘米的一节,每个插穗都要有间节,插入湿润的泥土中,20～30 天间节处会萌发白色嫩根,然后定植。栽植的方法可根据园林绿化的要求来选择。在栽植的初期水位应保持浅水,以便提高土温、水温,促使植株的生长。这个时期应及时清除杂草,以防与植株争吸营养,影响植物的生长发育。

园林应用 主要用作水景园林的背景材料,可营造出水体沉静、隐秘的氛围,使人造水景更为亲切自然,也可点缀于石、桥、亭、榭周边。

3. 棕红薹草

棕红薹草(*Carex buchananii* Berggr.),莎草科薹草属,多年生草

本植物(见彩图24)。

形态特征 具根状茎,整株呈棕红色,常被误认为干枯死亡,阳光下色泽更加亮丽。丛生型,冠幅30~40厘米。叶片质地粗糙,宽2~4毫米,直立向上。同属植物中常用的种类与品种有橘红薹草、棕色薹草。

分布与习性 原产于新西兰,我国已引种栽培。对土壤要求不高,耐盐碱,喜光,耐半阴,性强健,耐寒至-15℃。

栽培技术 地下茎和种子繁殖,以分株繁殖为主。栽培容易,抗性强。常见虫害为蚜虫和粉虱。蚜虫可用10%吡虫啉粉剂1 500倍液或艾美乐20 000倍液喷杀。粉虱可用8%阿维菌素乳油2 500倍液或10%吡虫啉粉剂1 500倍液喷杀,每次间隔7~10天,连续喷施2~3次。

园林应用 棕红薹草可作为地被植物应用于园林绿化中,生长持续时间长,叶片纤细、柔软、密集,且色泽好、耐践踏、耐瘠薄,可孤植、盆栽或成片种植,也可作为背景、镶边材料。

4. 金叶薹草

金叶薹草(*Carex oshimensis* Makino 'Evergold'),莎草科薹属,多年生草本植物(见彩图25)。

形态特征 常绿,丛生,株高20厘米。叶细条形,两边为绿色,中央有黄色纵条纹,叶色优美,植株生长密集,具有很好的覆盖性。穗状花序,花期4~5月。小坚果,三棱形。

分布与习性 由日本引入,主要分布在亚热带中低山及丘陵地区。金叶薹草对土壤要求不严,但低洼积水处不宜种植。适应性强,喜温暖湿润和阳光充足的环境,耐半阴,怕积水。生长期保持土壤湿润,但要避免积水,否则易造成烂根。耐瘠薄,一般不必另外施肥。有一定的耐寒性,在黄河以南地区可露地越冬。

栽培技术 因金叶薹草的种子多为深休眠类型,种子不发芽或发芽慢,所以以分株繁殖为主。在春季或生长季,将丛生的植株带根系分开,分别进行移植,栽后浇水。目前也有通过组织培养技术进行种苗繁育。抗病虫害。

园林应用　金叶薹草可成片种植,使景观具有独特的韵律美和动感美,也可作为草坪、花坛、园林小路的镶边观叶植物(如图 7 所示)。同时还可盆栽观赏,布置于节日花坛、会议场所或其他临时摆花的地方。

图 7　金叶薹草配植

5. 日本血草

日本血草[*Imperata cylindrica* (L.)Beauv. 'Rubra'],禾本科白茅属,多年生草本植物(见彩图 26)。

形态特征　株高 50 厘米。叶丛生,剑形,常保持深血红色,春季叶尖血红色,基部绿色,秋季整株呈深血红色。圆锥花序,小穗银白色,花期夏末。

分布与习性　由日本引入,为园艺栽培品种,其原种产于我国辽宁、河北、山西、山东、陕西、新疆等地。喜湿润且排水良好的土壤。暖季型草,湿生或旱生,喜光或有斑驳光照处。抗性强,耐热。春、夏、秋为观赏期,冬季休眠。

栽培技术 采用分株繁殖,四季适于移栽,养护简便,冬季低剪至地面。抗病虫害。

园林应用 日本血草宜与其他植物配植,也宜群植于庭园草地、路边、滨水绿化带,以体现其强烈的色彩效果。

6. 花叶䲢草

花叶䲢草(*Phalaris arundinacea* var. *picta* L.),又名玉带草、丝带草,禾本科䲢草属,一年生或多年生草本植物(见彩图27)。

形态特征 有根茎,秆直立丛生,高60~140厘米,有6~8节。叶片扁平,宽1~2.5厘米,长6~30厘米,绿色且有白色条纹间于其中,柔软而似丝带。花茎自叶丛中抽生并超出,有紧密的圆锥花序或穗状花序。

分布与习性 原种䲢草分布于北美和欧亚大陆,目前品种多,全国都有,喜生于林下、潮湿草地或水湿处。

栽培技术 春秋两季均可播种。我国南方播种在3月中下旬之前,北方4月中旬之前,南方秋播宜于10月中旬之前。可用种子直播,也可育苗移栽或切割根状茎进行无性繁殖。抗病虫害。

园林应用 花叶䲢草在园林绿化中常配植在潮湿地或水湿处,作

图8 花叶䲢草配植景观(一) 图9 花叶䲢草配植景观(二)

观赏植物(如图 8、图 9 所示)。

7. 花叶香蒲

花叶香蒲(*Typha orientalis Presl* 'Variegata'),香蒲科香蒲属,多年生挺水草本植物。

形态特征 植株高 80～120 厘米,根状茎粗壮。叶剑状,叶片革质,扁平带形,呈花条纹状,叶片半侧黄半侧绿,长 50～70 厘米。花单生,雌雄同株,构成顶生的蜡烛状顶生花序,长圆柱形,花黄色,花期5～6月。花果期 7～9 月。

分布与习性 宽叶香蒲的栽培变种,美国引进,生活在浅水、湿地或沼泽地区,分布范围广。不耐寒、喜光、喜温、怕风,对土壤适应性强,适宜于 10～20 厘米的浅水生长,但在生长初期忌水位过高。生长适宜温度为 20～30℃,低于 10℃停止生长,低于 5℃进入休眠,在北方需保护越冬。

栽培技术 花叶香蒲可以有性繁殖,也可无性繁殖,一般采用无性繁殖,通常在春季进行分株移栽。抗病虫害。

园林应用 花叶香蒲可广泛应用于各种人工或自然水体景观中,丛植于河岸、桥头水际,观赏效果甚佳。它既可提高水体景观的观赏价值,又能起到调节水体自身生态环境的作用。

8. 花叶拂子茅

花叶拂子茅[*Calamagrostis acutiflora* (Schrad.)DC. 'Overdam'],禾本科拂子茅属,多年生冷季型丛生植物。

形态特征 多年生,冷季型,丛生。茎秆直立,株高 50～75 厘米;叶片有绿白相间的条纹;圆锥花序紧缩,花期 5～6 月。

分布与习性 适应性强,耐寒、耐旱,分布范围广。喜光,不择土壤,在湿润、排水良好的土壤中生长旺盛。

栽培技术 杂交种,自然状态下无法产生种子,目前主要采取分株方式进行繁殖,由于受繁殖系数低、繁殖周期长和季节限制等的影响,难以满足市场需求,已开展组织培养繁殖技术。抗病虫害。

园林应用 花叶拂子茅可孤植、片植或盆栽种植,均有很好的效果,具有观赏性好、观赏期长、适应性强、耐寒、耐旱等优点,非常适合应用于我国北方园林造景,已广泛应用于城区、干旱及半干旱地区的园林绿化。

9. 蓝羊茅

蓝羊茅(*Festuca ovina* L. var. *glauca* Hack.),又名蓝羊绒、海滨羊茅,禾本科羊茅属,多年生草本植物。

形态特征 丛生,半球形,单个植株高20~35厘米,展幅30~35厘米。叶片观赏期呈现出均匀的蓝色,栽培品种较多,叶片呈不同蓝色。花期5~6月。

分布与习性 原产于法国南部,我国已引种栽培。喜全光照,在沙土或壤土中生长均良好,耐盐碱,耐旱,忌湿,喜冷凉气候,在温热的环境中生长不良,能耐寒至−35℃。

栽培技术 在春、秋季采用分株繁殖,种植时忌低洼积水处。春、秋、冬季为观赏期,适于移栽。夏季不耐高温高湿,需遮阳处理。抗病虫害。

园林应用 蓝羊茅适宜成片栽植于坡地,色彩鲜明,且易于排水,也可用作园路镶边布置,在庭园草坪、住宅小区丛植,或与其他彩叶植物配合种植,也适合点缀岩石、园林小品等。

10. 斑叶芒

斑叶芒(*Miscanthus sinensis* Anderss. 'Zebrinus'),又名虎斑芒、劲芒、班玛草,禾本科芒属,多年生丛生状草本植物(见彩图28)。

形态特征 斑叶芒是花叶芒中特殊的一个类群,茎高1.2米。斑纹横截叶片,叶片条形,具绿色含黄色横向不规则斑马条纹,主脉白色,叶片长20~40厘米,宽6~10毫米。圆锥花序扇形,长15~40厘米,小穗成对着生,具芒,秋季形成白色大花序。

分布与习性　各地都有分布栽培。喜光,耐半阴,抗性强。斑点的产生受温度影响,早春气温较低的条件下往往没有斑纹,太高的温度下斑纹会减弱以至枯黄。

栽培技术　分株繁殖,四季均适于移栽,土壤要求不高,耐粗放管理。抗病虫害。

园林应用　用作园林观赏草。

11. 花叶芒

花叶芒(*Miscanthus sinensis* Anderss. 'Variegatus'),禾本科芒属,多年生草本植物(如图 10 所示)。

形态特征　具根状茎,丛生,暖季型。株高 1.5～1.8 米,开展度与株高相同。叶片呈拱形向地面弯曲,最后呈喷泉状,叶片长 60～90 厘米,浅绿色,有奶白色条纹,条纹与叶片等长。圆锥花序呈扇形,花序深粉色,花序高于植株 20～60 厘米,花期9～10 月,花色会随季节变化,由最初的粉红色渐变为红色,秋季转为银白色。

分布与习性　花叶芒原分布于欧洲地中海地区,适宜在我国华北以南地区种植。适应性强,不择土壤。

图 10　花叶芒

喜光、耐半阴、耐寒、耐旱、耐涝,全日照至轻度荫蔽条件下生长良好,阴坡地和半阳坡地生长旺盛。

栽培技术　分蘖力很强,可以分株繁殖。种植方法可视土壤条件而定。若土层深厚、肥沃,种植密度宜稀,若土质瘠薄、肥力差,种植密度可以加大,增加覆盖度,减少蒸发,有利于植物生长。抗病虫害。

园林应用 主要作为园林景观中的点缀植物,可单株种植,片植或盆栽观赏效果理想,与其他花卉及各色萱草组合搭配种植,景观效果更好。可用于花坛、花境、岩石园,可作假山、湖边的背景材料,花叶芒丛植见彩图 29。

(三)藤本类彩叶地被植物

1. 金叶扶芳藤

金叶扶芳藤(*Euonymus fortunei* 'Emerald Gold'),卫矛科卫矛属,常绿藤状灌木(见彩图 30)。

形态特征 植株匍匐或以不定根攀缘。茎长达 5 米以上,小枝近四棱形。叶小似舌状,较密实,有光泽,镶有宽的金黄色边,因入秋后霜叶为红色,又称落霜红,金叶扶芳藤生长强健,分枝多而密,春叶是鲜黄色,老叶呈金黄色。

分布与习性 原产于黄河流域以南各省区,对土壤要求不高,但最适宜在湿润、肥沃的土壤中生长。喜温暖湿润的气候,喜光,耐阴,也耐干旱瘠薄,耐寒性强。

栽培技术 常用扦插、压条繁殖。扦插繁殖可在 3 月中旬进行硬枝扦插,或在夏季进行半成熟枝扦插。压条繁殖可在生长季内用波状压条法或堆土压条法,生根后剪离母株各自栽植,成活率高。主要病害有炭疽病、茎枯病等。炭疽病可在发病初期用 70%炭疽福美或 75%百菌清 500～600 倍液交替喷雾防治,每次间隔 7～8 天,连续喷施 2～3次。茎枯病主要发生在一年生的木质化枝条上,可用 70%甲基托布津800 倍液,或 50%退菌特 800 倍液进行整株喷雾防治。主要虫害有蚜虫、夜蛾等,蚜虫可用 10%吡虫啉或啶虫脒 2 000 倍液喷杀;夜蛾可用2.5%溴氰菊酯乳油 3 000～5 000 倍液喷杀。

园林应用 金叶扶芳藤可用作常绿地被植物,也可用于墙面、林缘、岩石、假山、树干攀缘等。

2. 花叶络石

花叶络石〔*Trachelospermum jasminoides*（Lindl.）Lem. 'Flame'〕，又名斑叶络石，夹竹桃科络石属，常绿木质藤蔓植物（见彩图31）。

形态特征 一般藤长20～40厘米，具气生根，匍匐生长，节节生根。叶革质，对生，具羽状脉，椭圆形至卵状椭圆形或宽倒卵形，长2～6厘米，宽1～3厘米，老叶近绿色或淡绿色，第一轮新叶呈粉红色，少数有2～3对粉红叶，第2至第3对为纯白色叶，在纯白叶与老绿叶间有数对斑状花叶，整株叶色丰富。聚伞状花序，花白色或紫色。

分布与习性 原产于日本，为新引进品种。适宜在排水良好的酸性、中性土壤中栽培，喜光稍耐阴，喜空气湿度较大的环境，具有较强的耐干旱、抗短期洪涝、抗寒能力，可在长江以南地区露天栽培。

栽培技术 一般采用扦插繁殖，因其匍匐性茎具有落地生根的特性，所以利用其茎节处接触土层生根后剪断分株，可一次性繁殖大量植株。其叶色的变化与光照、生长状况相关，艳丽的色彩表现需要有充足的光照条件和适宜生长条件，为达到最佳的色彩效果，春季需要通过修剪以促进萌枝，增加观赏枝，同时形成紧密型植株丛。花叶络石病害主要有炭疽病和叶斑病等，可用70％甲基托布津600～800倍液或者用70％代森锰锌可湿性粉剂800～1 000倍液喷雾防治；主要虫害有红蜘蛛等螨类、蛾类幼虫、蚜虫等。螨类可用5％扫螨净乳油1 500倍液喷杀；蛾类幼虫可用2.5％溴氰菊酯乳油3 000～5 000倍液喷杀；蚜虫可用25％吡虫啉可湿性粉剂1 500倍液或48％乐斯本乳油

图11　石边配植

2 000～3 000倍液喷杀,一般每次间隔7～10天,连续喷施2～3次,防治效果良好。

园林应用 花叶络石可在城市行道树下隔离带种植或作为护坡藤蔓覆盖,也可配植于石边(如图11所示)、石间(如图12所示),可以代替盆花布景,也可用作家庭盆栽观赏植物。

图12　石间配植

3. 花叶蔓长春花

花叶蔓长春花(*Vinca major* 'Variegata'),夹竹桃科蔓长春花属,常绿蔓性半灌木(见彩图32)。

形态特征 矮生,枝条蔓性,匍匐生长,长达2米以上。叶椭圆形或卵形,对生,长2～6厘米,宽1.5～4厘米,先端急尖,亮绿色,有光泽,叶缘乳黄色。高脚蝶状花冠,花单朵腋生,紫罗兰色。

分布与习性 原产于欧洲,我国已引种栽培。适应性强,对土壤要求不高,生长快。喜温暖和阳光充足环境,也耐阴,耐寒,在－7℃气温条件下,露地种植也无冻害现象。较耐旱,但在较荫蔽处,叶片的黄色斑块变浅。

栽培技术 花叶蔓长春花繁殖常用分株、压条和扦插方法。分株一般在每年春季进行,将茎叶连匍匐茎节一起挖取进行分栽;扦插则宜在每年的6～7月梅雨季节期间进行,剪取花叶蔓长春花长10厘米的健壮枝条,选择 1～2 个节间插入腐叶土之中,20 天左右生根。主要病害有枯萎病、溃疡病和叶斑病,可用等量式波尔多液喷雾防治;主要虫害有介壳虫和根疣线虫,介壳虫可在其活动期用 1.8% 阿维菌素 3 000～5 000 倍液喷杀,根疣线虫可用利根砂乳油 1 000～1 500 倍液喷杀。

园林应用 花叶蔓长春花是一种良好的垂直观叶植物和地被植物(如图 13 所示),也可盆栽或吊盆布置于室内、窗前和阳台。

图 13　地被花叶蔓长春花

4. 花叶长春藤

花叶长春藤(*Hedera helix* L. 'Marginata'),五加科常春藤属,常绿小型藤植物(见彩图 33)。

形态特征 蔓梢部分呈螺旋状生长,能攀缘在其他物体上生长,茎可达 20 多米。叶互生,一片叶上有淡绿、暗绿和奶白三色,色叶多变。总状花序,小花球形,浅黄色。

分布与习性 常春藤的变种,原产于西欧,以含腐殖质、疏松、肥沃、中性或微酸性的砂质培养土最好。性喜温暖,生长最适温度为 20～25℃,不耐寒,对阳光要求不严,在半阴弱光条件下,斑叶着光尤佳,更为鲜亮。

栽培技术 可采用扦插或压条繁殖。扦插一般在春、秋季,剪取一年生带有气根的健壮嫩枝,截成 3～4 个茎节一段的插条,扦插后约 3 周就能生根分栽,成活率高。主要虫害为介壳虫,尤以叶的背面和叶柄为多,加强通风透气,可减少虫害的发生。介壳虫活动期可用 1.8%阿维菌素 3 000～5 000 倍液喷杀,每次间隔 7～10 天,连续喷施 2～3 次,效果显著。

园林应用 花叶长春藤可用作地被及攀缘花柱等,也可作盆栽。

5. 吊竹梅

吊竹梅(*Tradescantia zebrina* Heynh),鸭跖草科紫露草属,常绿宿根草本植物(见彩图 34)。

形态特征 茎长约 1 米,茎稍柔弱,半肉质,匍匐地面呈蔓性生长。叶互生,无柄,叶片椭圆形、椭圆状卵形至长圆形,长 3～7 厘米,宽 1.5～3 厘米,叶面上部紫绿色与银白色相混,中部边缘有紫色条纹,叶面下部紫红色,其叶形似竹。小花白色,腋生,花团聚于一大一小的顶生的苞片状的叶内,花期不定。果为蒴果。

分布与习性 原产于墨西哥,我国从日本引种栽培。适宜肥沃、疏松的腐殖土壤,也较耐瘠薄,不耐旱,对土壤 pH 要求不严。喜温暖湿润气候,较耐阴,不耐寒,耐水湿,越冬温度不能低于 10℃,但在过阴处时间较长,会导致茎叶徒长,叶色变淡。

栽培技术 通常采用扦插繁殖。摘取健壮茎数节插于湿沙中即可成活。插穗生根的最适温度为 18～25℃,扦插后必须保持空气的相对湿度在 75%～85%之间。喜多湿的环境,在日常管理时应注意保持潮湿状态,不要过于干燥,否则植株下部老叶易干枯、发黄、凋落。主要的病害为灰霉病,被害后,叶产生水渍状褐色软腐,潮湿时病部长出灰霉层,有时还会引起芽枯。发病初期可用 75%百菌清或 80%代森锌可湿性粉剂 500～800 倍液载雾防治,每次间隔 5～7 天,连续喷施 2～3 次,可有效控制病情。

园林应用 吊竹梅株形丰满,匍匐下垂,常用作庭园地被或垂直绿化,也可用作室内垂吊装饰。

6. 观赏甘薯

观赏甘薯[*Ipomoea batatas*（L.）Lam.'Tricolor'],旋花科甘薯属,多年生蔓生草本植物。

形态特征 地下具纺锤形块根。茎匍匐,茎节易生不定根。叶形多变,通常宽卵形,全缘或3~5裂。栽培品种有:金叶甘薯(见彩图35),叶子呈黄绿色;紫叶甘薯,叶子呈紫色;花叶甘薯,展开时幼叶呈蓝绿色,边缘呈玫瑰红色,成熟叶呈蓝绿色,边缘呈粉白色。

分布与习性 我国多地已引种栽培。喜温,喜光,耐半阴,不耐寒,根系发达,较耐旱,生长迅速。

栽培技术 以剪蔓栽插繁殖为主。枝蔓栽插10天后明显可见成活,紫叶甘薯、金叶甘薯生长快,按行距40厘米,株距30厘米种植,2个月即可覆满地面,成活后不用浇水也能生长良好。10月下旬至11月上旬,观赏甘薯经霜冻后死亡,故霜冻前应将薯块或枝蔓移入温室向阳处作为第2年的母本栽培,用以扦插繁殖或用块根繁殖。宜种在光线充足的环境,生性强健,管理粗放。

园林应用 观赏甘薯生长迅速、覆盖性强、叶色亮丽,适宜作花境镶边材料,尤其适合台式花境悬吊栽培,也是优良的彩叶地被植物和边坡绿化植物。

7. 花叶活血丹

花叶活血丹(*Glechoma hederacea* L.'Variegata'),又名花叶欧亚活血丹、班叶连钱草,唇形科活血丹属,多年生草本植物。

形态特征 株高10~20厘米,枝条细,呈四棱形,匍匐生长,蓬径可达15厘米。叶小,肾形,对生,具长柄,叶缘有圆齿并具白色斑块,冬季经霜变微红,两面叶脉上均有短柔毛。轮伞花序,着生于叶腋,2~6朵,唇形,淡紫色或粉红色,花期3~5月。成熟小坚果深褐色,长圆状卵形。

分布与习性 原种产于北欧、西欧各国,我国大部分地区都有引种栽培。喜肥沃、疏松、排水良好的土壤。生长势强,习惯生长在林缘、疏林下、草地中、溪边等阴湿处,耐阴,喜湿润,阳光下也可生长,较耐寒,不耐践踏。

栽培技术 通常采用分株、扦插、压条等繁殖方式。扦插繁殖一般剪取长 15～20 厘米的茎蔓作插穗,2～3 节为一段,不少于 2 节。在生长季当温度达 15℃以上时进行扦插,扦插后 1 周左右即可生根成活,1 个月左右即可形成良好的景观效果。一般很少有病害发生,生长期间主要有蛞蝓及蜗牛等害虫咬食茎叶,防治蜗牛时,可用 6% 蜗克星颗粒剂 50～100 克/100 平方米,混合沙土 1.5～2.5 千克在晴天傍晚均匀撒施。

园林应用 花叶活血丹可用于布置花坛、花境、色块、色带、边坡等,在林缘、疏林下、草地中、溪边等阴湿处常成片利用,覆地成景迅速。

8. 金叶过路黄

金叶过路黄(*Lysimachia nummularia* L. 'Aurea'),报春花科珍珠菜属,宿根草本植物(见彩图 36)。

形态特征 常绿,株高约 5 厘米,枝条匍匐生长,最长可达 1 米以上,其茎节较短,节间能萌发地生根。单叶对生,圆形,基部心形长约 2 厘米,早春至秋季金黄色,11 月底植株渐渐停止生长,叶色由金黄色慢慢转为淡黄色,直至绿色,冬季霜后略带暗红色。夏季 6～7 月开花,单花,黄色尖端向上翻成杯形,亮黄色,花径约 2 厘米,因花色与叶色相近,不易引起人的注意。

分布与习性 原产于欧洲、美国东部等地,现在我国已广泛栽培。喜光耐阴,耐水湿,耐寒性强,具有清热解毒、散瘀消肿、利湿退黄之功效。

栽培技术 生长势强,能迅速覆盖地面,在完全覆盖地面以后,植株会表现出很强的簇拥叠生性状,抗杂草能力相当强。因此,在栽培管理中防除杂草的工作量较少,而且病虫害少,耐践踏,养护管理比较容易。

园林应用 金叶过路黄叶色鲜艳丰富,且抗寒性强,是优良的彩色地被植物,为地被植物之精品,可作为色块,与宿根花卉、麦冬、小灌木等搭配。

(四) 灌木类彩叶地被植物

1. 银边八仙花

银边八仙花[*Hydrangea macrophylla* (Thunb.) Ser. 'Maculata'],又名银边绣球,八仙花变种,虎耳草科八仙花属,半常绿灌木(见彩图37)。

形态特征 株高3～4米。小枝粗壮,圆柱形,紫灰色至淡灰色,无毛,具长形皮孔。叶纸质或近革质,对生,倒卵形至椭圆形,长7～20厘米,宽4～11.5厘米,先端骤尖,叶缘为白色,缘有粗锯齿,两面无毛或仅背脉有毛。顶生伞房花序近球形,直径可达20厘米,粉红色、蓝色或白色,花期6～7月。花色受土壤酸碱度影响,酸性土花呈蓝色,碱性土花为红色。

分布与习性 原产于日本及我国四川一带,生于山谷溪旁或山顶疏林中。土壤以疏松、肥沃和排水良好的砂质壤土为好,花色受pH影响变化较大。喜温暖、湿润和半阴环境,耐寒性不强,我国华北地区只能盆栽,于温室越冬。

栽培技术 可采用分株繁殖,分株宜在早春萌芽前进行。将已生根的枝条与母株分离,直接盆栽,浇水不宜过多,在半阴处养护,待萌发新芽后再转入正常养护。盛夏光照过强时,适当遮阴,可延长观花期。花后摘除花茎,促使产生新枝。同时,还要将1/4～1/3的老叶修剪掉,保证来年的萌芽。主要病害有萎蔫病、白粉病和叶斑病,可用65%代森锌可湿性粉剂600倍液喷雾防治;主要虫害有蚜虫和盲蝽,可用6%吡虫啉乳油3 000～4 000倍液,或2.5%溴氰菊酯乳油3 000倍液喷杀。

园林应用　园林中可配置于稀疏的树荫下及林荫道旁,片植于山坡阴面。因对阳光要求不高,故最适宜栽植于阳光较差的小面积庭院中。可在建筑物入口处对植两株,沿建筑物列植一排,丛植于庭园一角,也适于植为花篱、花境。

2. 紫叶小檗

紫叶小檗(*Berberis thunbergii* 'Atropurpurea'),又名红叶小檗,小檗科小檗属,多枝落叶灌木。

形态特征　一般株高约 2～3 米。叶深紫色或红色,幼枝淡红带绿色,无毛,老枝灰褐色具条棱,有刺,叶全缘,菱形或倒卵形,长 0.5～3.5 毫米,宽 0.3～1.5 毫米,在短枝上簇生。花单生或 2～5 朵呈短状花序,黄色,下垂,花瓣边缘有红色纹晕。浆果红色,宿存,椭圆形,含种子 1～2 颗。花期 4 月,果期 9～10 月。

分布与习性　原产于我国东北南部、华北及秦岭地区。多生于海拔 1 000 米左右的林缘或疏林空地。萌蘖强,耐修剪,对各种土壤都能适应,在肥沃、深厚、排水良好的土壤中生长更佳。喜凉爽湿润的环境,耐寒也耐旱,不耐水涝,喜阳也能耐半阴,在光线稍差的环境中或植株密度过大时部分叶片会返绿。

栽培技术　主要采用扦插繁殖,也可进行分株和播种繁殖。萌蘖性强,耐修剪,定植时可进行强修剪,以促发新枝。入冬前或早春前疏剪过密枝或截短长枝,花后控制生长高度,使株形圆满。最常见的病害是白粉病,此病通过风雨传播,其传播速度极快,且危害大,一旦发现,应立即进行处置。可用 15%三唑酮稀释 1 000 倍液,或 50%甲基托布津可湿性粉剂 800 倍液交替喷雾防治,每周喷 1 次,连续喷施 2～3 次可基本控制病害。主要虫害为大蓑蛾,可用黑光灯或性刺激素诱杀成虫,或用 50%辛硫磷乳油 1 000 倍液喷杀。

园林应用　常与金叶女贞、大叶黄杨组成色块、色带及模纹花坛。

可用作花篱或在园路角隅丛植,点缀于池畔、草丛、岩石间,也用作大型花坛镶边或剪成球形对称状配植。

3. 金叶小檗

金叶小檗(*Berberis thunbergii* 'Aurea'),小檗科小檗属,落叶灌木(见彩图 38)。

形态特征 株高约 1～2 米,多分枝,茎多刺。叶倒卵形或菱状卵形,常年金黄亮丽,在江南地区其金叶的观赏期达 8 个月之久,春季新叶亮黄色至淡黄色,后颜色渐渐变深呈金黄色,秋季落叶前变成橙黄色。花序伞形或近簇生,黄白色。花期 6～7 月,红色浆果长椭圆形,果熟期 9～11 月。

分布与习性 原产于日本,为同属日本小檗(*Berberis thunbergii* DC.)的金叶变种。喜光、耐半阴、耐旱、耐寒,对土壤要求不严,适生范围为我国东北南部、华北、华东等大部分地区。适温范围广,但 10℃以下要预防寒害。对水分要求不严,喜疏松、排水良好之土壤,以砂质壤土最佳。对土壤酸碱性适应性较广,在 pH 5～8 的土壤中均能较好生长。萌蘖性强,耐修剪整形。

栽培技术 常用扦插繁殖,可硬枝扦插,也可软枝扦插。硬枝扦插常于休眠期进行,软枝扦插在江南地区以梅雨季为佳。金叶小檗虫害较少,病害主要是茎枯病和白粉病。茎枯病可用敌克松 500～800 倍液喷雾防治,白粉病可用 25% 粉锈宁 3 000 倍液或 70% 甲基托布津 800～1 000 倍液喷雾防治。

园林应用 金叶小檗是城市园林绿化、公路两侧绿化隔离带的优良树种。可做图案配色的黄色系元素,做成球形点缀于园艺小品当中,也可做成各种形状的彩色绿篱、绿带、小盆景及盆栽。

4. 金边六月雪

金边六月雪[*Serissa japonica* 'Aureo-marginata'],茜草科白马骨属,常绿或半常绿丛生小灌木(见彩图 39)。

形态特征 株高 60～90 厘米。叶革质,卵形至倒披针形,长 6～22 毫米,宽 3～6 毫米,顶端短尖至长尖,边全缘,为黄色或白色,无毛,叶柄短。花单生或数朵丛生于小枝顶部或腋生,花冠淡红色或白色,花期 5～7 月。

分布与习性 为茜草科植物六月雪的一个栽培变种。原产于我国江南各省,分布在林中或溪边,多在阴坡生长。对土壤要求不严,适于在疏松、排水良好的土壤中生长。喜温暖湿润的环境,较耐寒,喜阳也耐阴。

栽培技术 金边六月雪以扦插繁殖为主,也可用压条繁殖、分株繁殖等法。适应性强,栽培养护较简单,但因其畏烈日暴晒,栽培宜选择在半阴湿润的环境区域,或采用遮阳网设施,否则会因光照太强而影响生长。金边六月雪萌芽力强,每年要修剪两次,第 1 次在 4 月中旬进行,以利于 6 月份开花,第 2 次花凋落之后,剪除着花枝梢,使之萌发新芽。在生长季节要经常摘心,使枝叶符合造型的需要。一般应剪除徒长枝,如需弥补造型不足,也可剪短。金边六月雪的虫害主要有介壳虫。介壳虫初龄若虫爬动期或雌成虫产卵前是第 1 个防治适期,卵孵化盛期是第 2 个防治适期,可用 2.5%溴氰菊酯乳油 2 000～3 000 倍液,或 1.8%阿维菌素 3 000～5 000 倍液喷杀。

园林应用 金边六月雪适宜做花坛边界、花篱,庭院路边及步道两侧做花径配植,可交错栽植在山石、岩迹等地,也可制作盆景。

5. 花叶锦带花

花叶锦带花[*Weigela florida* (Bunge) A. DC. 'Variegata'],忍冬科锦带花属,落叶灌木(见彩图 40)。

形态特征 株丛紧密,株高 1.5～2 米。单叶对生,椭圆形或卵圆形,叶缘有乳黄色或白色的斑纹。花 1～4 朵组成聚伞花序生于叶腋及枝端,花冠钟形,紫红至淡粉色,花期 4～5 月,极其繁茂。蒴果柱形,10 月成熟。

分布与习性 我国各地均有栽培,生于海拔 100～1 450 米的杂木林下或山顶灌木丛中。对土壤要求不高,耐瘠薄土壤,但以深厚、湿润、腐殖质丰富的土壤为宜,喜光,较耐阴,耐寒,耐旱,怕水涝。萌芽力强,生长迅速。

栽培技术 常用扦插、分株、压条法繁殖。休眠枝扦插在春季 2～3 月露地进行,半熟枝扦插时间为 6～7 月,在荫棚地进行,成活率都很高。种子细小而不易采集。栽培容易,生长迅速,花开在 1～2 年生枝上,故在早春修剪时,只需剪去枯枝或老弱枝条。虫害主要有蚜虫和红蜘蛛,可用 1.8％阿维菌素 3 000～5 000 倍液喷杀。

园林应用 常孤植、丛植于庭园、水景处作搭配点缀,也可群植于林缘及草坪、花境处,形成壮观的整体景观,如图 14 所示。

图 14　花叶锦带花配植

6. 金叶莸

金叶莸(*Caryopteris* × *clandonensis* 'Worcester Gold'),马鞭草科莸属,小灌木植物(见彩图 41)。

形态特征 株高 50～60 厘米,枝条圆柱形,紫红色。单叶对生,叶长卵形,叶端尖,基部圆形,边缘有粗齿,叶面光滑,鹅黄色,叶背具银色毛。聚伞花序,腋生,蓝紫色,花期7~9月。

分布与习性　金叶莸作为园林培植品种,主要分布在我国长江以北的地区,目前长江以南地区在绿化中也广泛应用金叶莸。根系发达,主根粗大,喜光,也耐半阴,较耐瘠薄,耐旱、耐热、耐寒,在－20℃以上的地区能够安全露地越冬。天气越干旱,光照越强烈,其叶片越是金黄,如长期处于半庇荫条件下,叶片则呈淡黄绿色。

栽培技术　播种或扦插繁殖。以播种繁殖为主,萌蘖力强,种植时可适当调整种植密度,以增强植株内部通风透光,降低湿度。栽培管理简单,耐修剪,在早春或生长季节应适当进行修剪,每年修剪2~3次,使之萌发新枝叶,生长季节愈修剪,叶片的黄色愈加鲜艳,萌发的新叶愈加亮黄美观。病害主要有炭疽病、霜霉病等,可用甲基托布津、50%多菌灵可湿性粉剂1 000倍液配上叶面肥进行喷洒,每年只需喷1~2次。虫害主要有蚜虫、介壳虫等,会造成叶片扭曲。蚜虫可用1.8%阿维菌素3 000~5 000倍液喷杀。介壳虫防治应选择两个最适期进行喷药:在初龄若虫爬动期或雌成虫产卵前是第1个防治适期,卵孵化盛期是第2个防治适期,可用2.5%溴氰菊酯乳油2 000~3 000倍液,或1.8%阿维菌素3 000~5 000倍液喷杀。

园林应用　金叶莸色感效果好,春夏一片金黄,秋天蓝花一片。在园林绿化中适宜片植,做色带、色篱,也可修剪成球。

7. 灌丛石蚕

灌丛石蚕(*Teucrium fruitcans*),又名水果蓝,唇形科石蚕属,常绿小灌木(见彩图42)。

形态特征　香料植物。小枝四棱形,全株被白色茸毛,以叶背和小枝最多,枝条萌蘖力很强,可反复修剪。叶对生,卵圆形,叶片全年呈现出淡淡的蓝灰色。春季枝头悬挂淡紫色小花,花期1个月左右。

分布与习性　原产于地中海地区,后广泛应用于世界各地。对环境有超强的耐受能力,适温环境温度在－7~35℃之间,可适应大部分地区的气候环境,耐旱,耐瘠薄。

栽培技术　主要是扦插繁殖,可全年进行,但以春、秋季最适宜,春季扦插后需搭遮阳棚,以防止新抽出的嫩枝发生灼伤。栽培较简单,无需精细管理。抗病虫害。

园林应用　全株叶片为淡淡的蓝灰色,是园林运用中难得的色彩。适宜作深绿色植物的前景,也适合作草本花卉的背景,可配植于林缘或花境(如图 15 所示)。

图 15　灌丛石蚕配植

8. 金叶大花六道木

金叶大花六道木[*Abelia × grandiflora*(Andre)Rehd. 'Francis Mason'],又名金边大花六道木,忍冬科六道木属,常绿灌木(见彩图43)。

形态特征　株高可达 1.5 米,小枝细圆,阳面紫红色,弓形。叶小,长卵形,长 2.5～3 厘米,宽 1.2 厘米,边缘具疏浅齿,在阳光下呈金黄色,光照不足则叶色转绿。圆锥状聚伞花序,花小,白色带粉,繁茂而芬芳,花期 6～11 月。

分布与习性 为糯米条与单花六道木的杂交种,原产于法国等地,我国引种主要栽植在中部、西南部及长江流域地区。适生范围广,可在华东、西南及华北等地区露地栽培,有巨大的发展潜力。对土壤适应性较强,在酸性、中性或偏碱性土壤中均能良好生长,耐热耐寒,能耐－10℃低温,且有一定的耐旱、耐瘠薄能力。萌蘖力强,耐修剪。

栽培技术 常用扦插繁殖。冬季或早春用成熟枝扦插,当年即可开花,春、夏、秋季用半成熟枝或嫩枝扦插。常见的病害有煤污病,在发病时应及时摘除病叶,可用 50％多菌灵 800 倍液喷雾防治,避免病原扩散。常见的虫害是蚜虫,可用 3％快杀乳油 2 000 倍液,或 20％康福多 8 000 倍液喷杀。

园林应用 金叶大花六道木在园林绿化中可作为花篱或丛植于草坪或树林下层等,是不可多得的夏、秋季的花灌木。

9. 金叶假连翘

金叶假连翘(*Duranta repens* L. 'Variegata'),又名黄金叶,马鞭草科假连翘属,常绿灌木或小乔木。

形态特征 株高约 1.5～3 米。嫩茎四方,枝下垂或平展。叶对生,金黄色至黄绿色,卵椭圆形或倒卵形,中部以上有粗齿。总状花序顶生或腋生,常排成圆锥状,花冠通常为蓝紫色,花果期 5～10 月,在南方可全年开花。

分布与习性 原产于热带美洲,在我国南方地区广为栽培,在华中和华北地区多为盆栽。在疏松、肥沃、腐殖质丰富、排水良好的土壤中生长良好,忌黏重地。性喜高温,不耐寒,天气寒冷会引起叶片发黑脱落,要求全日照,喜好强光,耐旱。

栽培技术 繁殖多用扦插或播种方式。生长期水分要充足,每半个月左右追施一次液肥。花后应进行修剪,以促进发枝并再次开花。在北方,冬季应在不低于 5℃的温室内过冬。生育适宜温度为 22～

30℃。主要病害有叶斑病,防治措施主要是在秋冬季剪除病重叶,集中烧毁,减少病源;控制栽植密度,不宜密植。在发病初期,可用50%扑海因可湿性粉剂1 000~1 500倍液,或者25%多菌灵可湿性粉剂200~300倍液喷雾防治,每次间隔7~10天。

园林应用 金叶假连翘可作花篱,可在草坪、道路、居住区等各类绿地配植,或与其他彩色植物组成模纹花坛。北方地区则多盆栽观赏。

10. 金叶连翘

金叶连翘[*Forsythia suspensa*(Thunb.)Vahl.'Golden Leaves'],又名黄绶带、黄金条、黄花杆,木犀科连翘属,落叶灌木(见彩图44)。

形态特征 植株高0.8~1.2米。单叶对生,边缘具锯齿或全缘,叶金色,非常美观。花腋生,黄色,具4裂片,裂片长于筒部,花期4~5月。金叶连翘与金叶假连翘、花叶连翘的区别在于:金叶假连翘的嫩茎四方,花为紫色,果是核果。金叶连翘的花为黄色,果是蒴果。金叶连翘和花叶连翘的区别在叶片颜色上,前者是黄色,后者是绿色有黄斑。

分布与习性 分布于我国北部和中部,朝鲜也有分布。栽植于阳光充足或稍遮阴处,偏酸性、湿润、排水良好的土壤,钙质土壤上生长良好。耐干旱,抗寒性强,喜光。

栽培技术 繁殖可用组培、扦插、压条、分株、播种等方式。金叶连翘易烂根落叶,应避湿通风种植。易受菌类感染,一般防治菌类病害的药剂都可使用。主要虫害有蚜虫和桑天牛,蚜虫可用1.8%阿维菌素3 000~5 000倍液喷杀,桑天牛可在成虫发生期用8%绿色威雷触破式微胶囊剂300~400倍液喷杀。

园林应用 金叶连翘广泛用于草坪、道路、小区等绿地,是不可多得的色块植物(如图16所示)。

图 16　金叶连翘配植

11. 红花檵木

红花檵木[*Loropetalum chinense*（R. Br.）Oliv. var. *rubrum* Yieh]，又名红继木、红花继木，金缕梅科檵木属，常绿灌木或小乔木（如图 17 所示）。

图 17　红花檵木

形态特征 嫩枝红褐色,密被星状毛。叶革质互生,卵圆形或椭圆形,长 2～5 厘米,暗红色。花紫红色(见彩图 45)。花期 4～5 月,花期长,约 30～40 天,国庆节能再次开花。蒴果褐色,近卵形,果期 8 月。

分布与习性 为檵木的变种。主要分布于我国长江中下游及以南地区。耐瘠薄,但适宜在肥沃、湿润的微酸性土壤中生长。喜光,稍耐阴,但阴时叶色容易变绿。适应性强,耐旱,喜温暖,耐寒冷。萌芽力和发枝力强,耐修剪。

栽培技术 繁殖方法主要有枝条扦插、嫁接、种子播种。用于色块的小苗通常采用扦插育苗,3～9 月均可进行,嫩枝扦插于 5～8 月。红花檵木前期必须精细管理,直到根系木质化并变褐色时,方可粗放管理。主要病虫害有炭疽病、立枯病、花叶病、蚜虫、尺蛾、黄夜蛾、盗盼夜蛾、大小地老虎及金龟子等。可用 70％甲基托布津 1 000 倍液喷洒,或每平方米土施敌克松 4～6 克防治真菌性病害。花叶病系由病毒引起,可用病毒 A 或其他治病毒药剂防治。防治蚜虫可于萌芽前喷 5％柴油乳剂或 3～5 波美度石硫合剂,以杀死越冬成虫和虫卵,生长期可用 5％蚜虱净乳油或 5％吡虫啉乳油或 20％杀灭菊酯乳油,以 1：1 000 或 1：1 500 倍液进行叶面喷杀。尺蛾、夜蛾以幼虫食叶为害,可用 2.5％功夫乳油、2.5％天王星乳油 4 000～5 000 倍液,或 20％灭扫利乳油 3 000 倍液喷杀。地老虎和金龟子以幼虫蛀食根系,地老虎主要为害扦插苗和幼苗,金龟子为害大、中、小苗,可用辛硫磷拌细土毒土处理,当田间虫口密度较大时,可用 2.5％敌杀死 6 000 倍液或 40％乐斯本乳油在傍晚灌根处理。

园林应用 红花檵木枝繁叶茂,姿态优美,耐修剪,在园林地被应用中主要用作绿地色块、绿篱(如图 18 所示)。

图 18　红花檵木配植

12. 红叶石楠

红叶石楠(*Photinia* × *fraseri* Dress 'Red Robin'),蔷薇科石楠属,常绿小乔木或灌木(见彩图 46)。

形态特征　株高 1.5～2 米。幼枝呈棕色,贴生短毛,后呈紫褐色,最后呈灰色无毛。叶片革质,长圆形至倒卵状、披针形,长 5～15 厘米、宽 2～5 厘米,春季新叶红艳,夏季转绿,秋、冬、春三季呈现红色,霜重色愈浓,低温色更佳。花多而密,呈顶生复伞房花序,花白色,花期 5～7 月,果熟期 9～10 月。

分布与习性　主要分布在我国华东、中南及西南地区,随着城市园林绿化的蓬勃发展,在湖北、北京、天津、山东、河北、陕西等地均有引种栽培。红叶石楠的生长习性比较特殊,在温暖潮湿的环境生长良好,在直射光照下,色彩更为鲜艳。对土壤要求不严格,耐旱、耐瘠薄,适宜在微酸性的土壤中生长。红叶石楠抗盐碱性较好,耐修剪。

栽培技术　红叶石楠的繁殖主要有扦插繁殖。3 月上旬春插,6 月上旬夏插,9 月上旬秋插,采用半木质化枝条。红叶石楠抗性较强,发病少。常见的病害有立枯病、猝倒病、叶斑病、灰霉病、炭疽病等。灰霉病可用 50%多菌灵 1 000 倍液喷雾预防,发病期可用 50%代森锌 800

倍液喷雾防治。叶斑病可用 60％多菌灵 300～400 倍液喷雾防治。主要虫害有介壳虫,介壳虫在初龄若虫爬动期或雌成虫产卵前是第 1 个防治适期,卵孵化盛期是第 2 个防治适期,可用 2.5％溴氰菊酯乳油 2 000～3 000 倍液,或 1.8％阿维菌素 3 000～5 000 倍液喷杀。地下害虫的防治宜在栽植前进行,用辛硫磷拌细土毒土处理。

园林应用　红叶石楠可修剪成矮小灌木,在园林绿地中作为地被植物片植,或与其他色叶植物组合成各种图案,红叶时期,色彩对比非常显著。

13. 金边黄杨

金边黄杨(*Euonymus japonicus* 'Aureo-rnarginatus'),又名金边冬青卫矛,卫矛科卫矛属,常绿灌木或小乔木(见彩图 47)。

形态特征　植株高可达 3 米。小枝略为四棱形,枝叶密生。单叶对生,倒卵形或椭圆形,边缘具钝齿,表面深绿色,叶缘金黄色,中间黄绿色带有黄色条纹,新叶黄色,老叶绿色带白边,有光泽。聚伞花序腋生,花绿白色。蒴果球形,淡红色,假种皮橘红色。花期 6～7 月,果熟期 9～10 月。

分布与习性　冬青卫矛的变种之一。在江苏、浙江、上海、安徽等地种植较多。金边黄杨喜欢温暖湿润的环境,对土壤的要求不严,能耐干旱,耐寒性强,栽培简单。

栽培技术　金边黄杨一般采用扦插繁殖,选择木质化程度较高的枝条容易生根出芽。主要病害有白粉病、茎腐病。白粉病为害叶片,可于发病初期,用 25％粉锈宁 1 300 倍液,70％甲基托布津 700 倍液,50％退菌特可湿性粉剂 800 倍液交替喷雾防治。茎腐病防治方法:及时剪除发病枝条,集中烧毁,然后用 25％敌力脱乳油 800～1 000 倍液或 50％退菌特可湿性粉剂 500～600 倍液交替喷雾防治。主要虫害有黄杨绢野螟、大叶黄杨尺蠖。黄杨绢野螟幼虫会吐丝连接周围叶片、嫩枝作临时巢穴,然后在其中取食,严重时将叶片吃光,造成苗木死亡。

黄杨绢野螟防治方法:在成虫产卵期,结合苗木修剪,摘除卵块、虫苞,集中烧毁;在成虫期利用黑光灯进行灯光诱杀;幼虫危害严重时,可用50%杀螟松乳油 1000 倍液,或 4.5%高效氯氰菊酯 2 000 倍液或 Bt 乳剂 500 倍液喷杀。大叶黄杨尺蠖幼虫群集叶片取食,将叶吃光后则啃食嫩枝皮层,导致整株死亡。以蛹越冬,成虫飞翔能力不强,具较强的趋光性。大叶黄杨尺蠖防治方法:利用成虫趋光性,在成虫期进行灯光诱杀;幼虫期可用 50%杀螟松乳油 500 倍液或 4.5%高效氯氰菊酯 2 000 倍液喷杀。

园林应用 金边黄杨叶片花斑美观,植株极耐修剪,为庭园中常见的绿篱树种,可经整形环植门道边或于花坛中心栽植。

14. 金森女贞

金森女贞(*Ligustrum japonica*'Howardii'),又名哈娃蒂女贞,木犀科女贞属,常绿灌木(见彩图 48)。

形态特征 植株高 3～5 米,小枝灰褐色或淡灰色。叶片厚革质,椭圆形或宽卵状椭圆形,先端锐尖或渐尖,基部楔形、宽楔形至圆形,叶缘平或微反卷,春季新叶鲜黄色,至冬季转为金黄色,节间短,枝叶稠密。花白色,花期 3～5 月份,圆锥状花序。果实呈紫色。果期 11 月。

分布与习性 日本女贞的变种。主要分布于日本关东以西、本州、四国、九州及我国台湾省。常见于低海拔的林中或灌丛中,对土壤要求不严格,酸性、中性和微碱性土壤均可生长。喜光,耐旱,耐寒。

栽培技术 一般采用扦插繁殖,方法如下:扦插初期,要保证插穗不失水,做好保湿措施。扦插前准备好穴盘、介质。介质装满后轻轻振动穴盘,确保每穴介质饱满,然后用空穴盘或其他东西把装满介质的穴盘刮平即可。穴盘需要进行消毒,扦插前一天用 0.5%的高锰酸钾进行消毒处理,插穗要进行修剪和生根处理,剪好后穗条按要求进行分级,一般分成上、中、下 3 段。再进行插穗消毒和生根处理。金森女贞的主要病害是锈病,在 6～9 月发生最为严重,5～6 月起重点防治,可用 15％粉锈宁粉剂 1 500 倍液或 20％好靓粉剂 3 000 倍液交替喷雾防治,每次间隔 7～10 天,连续喷施 2～3 次。虫害以蛴螬、地山君等食根性害虫为主,可用 50％辛硫磷 1 000 倍液灌根防治。

园林应用　金森女贞是优良的绿篱和色块植物。

15. 彩叶杞柳

彩叶杞柳(*Salix integra* L. 'Hakuro Nishiki'),又名花叶杞柳,杨柳科柳属,落叶灌木(见彩图 49)。

形态特征　株高 1～3 米,树冠广展,新叶具乳白和粉红色斑。

分布与习性　主要分布在上海及周边地区。喜光,耐寒,耐湿,耐修剪,生长势强。

栽培技术　采用扦插繁殖,选择生长良好、芽饱满、组织充实、木质化程度高、无病虫害的优质壮条作种条。春、秋季扦插时用秋条作种条,夏季扦插选用伏条作种条,不论何时扦插,插穗部位均以种条中下部分为宜。苗床地选择地势平坦、土层深厚、土质肥沃的土壤,轻微盐碱或沙土中也能生长。冬末需强修剪,春季观新叶。主要病害有白粉病,可用 50％退菌特可湿性粉剂 600 倍液喷雾防治,每次间隔 15 天,连续喷施 2 次。主要虫害有柳蓝叶甲、甜菜叶蛾、造桥虫、杞柳绵蚜和天牛等,防治方法有:早春清理园间枯枝、杂草,带出园外烧毁,消灭病虫源。4 月上旬喷 1 次 25％灭幼脲 3 号悬浮剂 1 000 倍液防治柳蓝叶甲、甜菜叶蛾、造桥虫等食叶害虫。5 月上旬后为杞柳绵蚜活动期,每次间隔半个月喷 1 次 2.5％溴氰菊酯乳油 2 000～3 000 倍液,或 1.8％阿维菌素 3 000～5 000倍液防治。5 月下旬后,采用 8％绿色威雷 300～400 倍液预防天牛幼虫蛀食根茎部。

园林应用　彩叶杞柳枝条盘曲,适于绿地丛植或池边栽植,幼树也可盆栽观赏,也适合种植在绿地或道路两旁。

16. 花叶接骨木

花叶接骨木(*Sambucus canadensis* L. 'Aurea'),忍冬科接骨木

属,灌木(见彩图 50)。

形态特征 植株高可达 4 米。茎无棱,多分枝,灰褐色,无毛。奇数羽状复叶,椭圆状披针形,长 5～12 厘米,尖端渐尖,基部阔楔形,常不对称,缘具锯齿,两面光滑无毛,揉碎后有臭味,圆锥状聚伞花序顶生,花冠辐状,白色至淡黄色,花期 4～5 月。浆果状核果,球形,黑紫色或红色,果期 6～7 月。

分布与习性 分布于我国东北、华北各省及内蒙古,朝鲜、日本也有分布。紫色叶片,深粉色花,有柠檬香味。性强健,喜光,耐寒,耐旱。根系发达,萌蘖性强。枝有皮孔,光滑无毛,髓心淡黄棕色。

栽培技术 播种、扦插、分株均可繁殖。扦插繁殖在每年 4～5 月,剪取一年生充实枝条 10～15 厘米长,插于沙床,插后 30～40 天生根。分株繁殖在秋季落叶后,挖取母枝,将其周围的萌蘖枝分开栽植。栽培甚易,每年春、秋季均可移苗,剪除柔弱、不充实和干枯的嫩梢。对徒长枝适当截短,增加分枝。花叶接骨木虽喜半阴环境,但长期生长在光照不足的条件下,枝条柔弱细长,开花疏散,树姿欠佳。主要病害有溃疡病、叶斑病和白粉病,可用 65% 代森可湿性粉 1 000 倍液喷洒防治。主要虫害有透翅蛾、夜蛾和介壳虫,可用 50% 杀螟松乳油 1 000 倍液喷杀。

园林应用 花叶接骨木宜植于草坪、林缘或水边(如图 19 所示)。

17. 金焰绣线菊

金焰绣线菊($Spiraea \times bumalda$ Burv. 'Gold Flame'),蔷薇科绣线菊属,落叶小灌木(见彩图 51)。

形态特征 株高 60～110 厘米,冠幅 90～120 厘米,老枝黑褐色,新枝黄褐色,枝条呈折线状,不通直,柔软。单叶互生,具锯齿、缺刻或分裂,叶色有丰富的季相变化,橙红色新叶,黄色叶片和冬季红叶颇具感染力。花序伞形、伞形总状、伞房状或圆锥状,花期 5～8 月。

分布与习性 原产于美国,经引种驯化,在我国多地区均能生长,现我国各地均有种植。耐干燥、耐盐碱,喜中性及微碱性土壤,耐瘠薄,

图 19　花叶接骨木配植

但在排水良好、土壤肥沃之处生长更繁茂。较耐阴,喜潮湿气候,在温暖向阳而又潮湿的地方生长良好。能耐 37.7℃高温和－30℃的低温。萌蘖力强,较耐修剪整形。

栽培技术　金焰绣线菊可采用播种、扦插、分株等方法繁殖。扦插苗在扦插的第 2 年春天进行移栽,移植前需撤除遮阳网炼苗 1 周,移植时对根系进行修剪,以防须根太多造成窝根。地上部分适当修剪,减少养分消耗和水分蒸发有利于缓苗。苗期病菌可用 50％多菌灵 800 倍液杀灭;主要虫害为蚜虫,可用吡虫啉 1 000～1 500 倍液叶面喷杀。

园林应用　金焰绣线菊花期长,花量多,是花叶俱佳的新优小灌木,不仅可用于建植大型图纹、花带、彩篱等园林造型,也可布置花坛、花境,点缀园林小品。

18. 金山绣线菊

金山绣线菊(*Spiraea × bumalda* Burv. 'Gold Mound'),蔷薇科绣线菊属,落叶小灌木(如图 20 所示)。

形态特征　株高 25～35 厘米,枝细长而有角棱。叶菱状披针形,长 1～3 厘米,叶缘具深锯齿,叶面稍感粗糙。冬芽小,有鳞片,单叶互生,边缘具尖锐重锯齿,新生小叶金黄色,夏叶浅绿色,秋叶金黄色。伞

图 20　金山绣线菊

房花序,花浅粉红色(见彩图 52),花期 6 月中旬至 8 月上旬。

分布与习性　原产于北美,现我国多数地区均有栽培。喜光照及温暖湿润的气候,适应性强,栽植范围广,对土壤要求不高,但以深厚、疏松、肥沃的壤土为佳。在肥沃的土壤中生长旺盛。不耐阴,在遮阴条件下,叶子变薄、变绿而失去应有的观赏价值。较耐旱,不耐水湿,抗高温,在夏季 35℃以下的酷暑环境下,虽然生长缓慢,但仍不失其观赏价值。金山绣线菊非常耐寒,冬季不需任何保护措施即可安全越冬。

栽培技术　主要繁殖方式有扦插繁殖,插床宜选择砂壤质或轻壤质土壤。3 年生以上植株上剪取半木质化(开花前后)新梢作为插穗,扦插时间以生长期 5～9 月带叶扦插为佳。金山绣线菊抗性较强,病虫害较少,但在茎部积水时间较长(3 天以上)时,易导致茎腐病的发生。栽植时要注意地势,雨后要及时排水,对于病株可用代森锰锌 1 000 倍液或多菌灵 800 倍液灌根或喷雾防治,每次间隔 1 周,连续喷施 3 次。如果发现有蝼蛄翻过的痕迹,应及时撒施辛硫磷颗粒。

园林应用　金山绣线菊株形整齐,可成片栽植,也可组成模纹图案,与大叶黄杨、小叶黄杨及草坪配植,效果更佳。若丛植于路边、林缘、公园道旁、庭园及湖畔或假山石旁,将起到丰富群体色彩的作用,如图 21 所示。

图 21　金山绣线菊配植在石边

19. 南天竹

南天竹(*Nandina domestica* Thunb.),又名南天竺、红杷子、天烛子、红枸子、钻石黄、天竹、兰竹,小檗科南天竹属,常绿小灌木(见彩图 53)。

形态特征　茎常丛生而少分枝,高 1～3 米,幼枝常为红色,老后呈灰色。叶互生,集生于茎的上部,三回羽状复叶,冬季变红色。圆锥花序直立,花小,白色,具芳香,花期 3～6 月。浆果球形,熟时呈鲜红色,果期 5～11 月。常见栽培变种有:玉果南天竹,浆果成熟时为白色;绵丝南天竹,叶色细如丝。紫果南天竹,果实成熟时呈淡紫色;圆叶南天竹,叶圆形,且有光泽。

分布与习性　产于我国长江流域及陕西、河南、河北、山东、湖北、江苏、浙江、安徽、江西、广东、广西、云南、贵州、四川等地。栽培土要求肥沃、排水良好的砂质壤土。南天竹性喜温暖湿润的环境,比较耐阴,也耐寒,容易养护。对水分要求不甚严格,既能耐湿也能耐旱。

栽培技术　繁殖以播种、分株方式为主,也可扦插。可于果实成熟时随采随播,也可春播。分株宜在春季萌芽前或秋季进行。扦插以新芽萌动前或夏季新梢停止生长时进行。南天竹比较喜肥,可多施磷、钾肥,生长期每月施1~2次液肥。4月修剪,一般主茎留15厘米左右便可,秋后可恢复到1米高,并且植株丰满,强光下叶色变红。苗木培育时,不能连作,需与其他小苗轮作。抗病虫害。

园林应用 南天竹可广泛用于疏林下、人行道边、假山旁、庭园内等绿地配植,因其形态优美清雅,也常被用以制作盆景或盆栽来装饰窗台、门厅、会场等(如图22所示)。

图22 配植南天竹

20. 花叶胡颓子

花叶胡颓子(*Elaeagnus pungens* Thunb. var. *variegata* Rehd.),胡颓子科胡颓子属,常绿灌木(如图23所示)。

形态特征 株高可达4米,耐修剪,有枝刺,小枝褐色。单叶互生,叶革质,中脉部分呈现黄色至黄白色斑纹,长卵形,正面光绿色,背面银白色,密被银白色或褐色腺鳞。花银白色,无花瓣,1~4朵簇生叶腋,花期9~12月。

分布与习性 在我国广泛栽培,性喜高温多湿,对土壤适应性较强,喜光,稍耐阴。

图 23　花叶胡颓子

栽培技术　花叶胡颓子采用扦插育苗,可采用疏松基质,剪取粗度为 5～6 毫米的一年生枝为插穗。移植以春季 3 月最适宜。不论地栽还是盆栽,都需带有完好的土团。花叶胡颓子病虫害少,抗性强。

园林应用　花叶胡颓子常植于庭园中,与其他树种配植形成色彩差异(见彩图 54)。

21. 小丑火棘

小丑火棘[*Pyracantha fortuneana*(Maxim.)Li'Harlequin'],又名变色火棘,蔷薇科火棘属,常绿或半常绿灌木(见彩图 55)。

形态特征　株高可达 3 米,枝条拱形下垂,幼枝被锈色柔毛,老枝无毛,短侧枝常呈刺状。单叶,互生,短枝上簇生 4～5 片叶,叶卵形、倒卵状长圆形或倒卵形,叶片长 0.7～1.7 厘米,宽 0.4～0.8 厘米,因叶片有花纹,似小丑花脸,故名"小丑火棘",冬季叶片呈粉红色。花白色,成复伞房花序,花期 3～5 月。红色的小梨果,直径约 5 毫米。果期 8～11 月,挂果时间长达 3 个月。小丑火棘具有春秋季叶色花白、夏季嫩黄、冬季粉红等色泽变化特征。

分布与习性　系由日本培育出的"火棘"的栽培变种,现我国大部分地区有栽培。喜光,喜空气湿润,要求肥沃而排水良好的土壤,有较强的耐寒性,耐盐碱土、耐干旱、耐瘠薄,根系密集,保土能力强。

栽培技术 可采用扦插繁殖,扦插时间从 11 月至翌年 3 月均可进行,选择一二年生枝作插穗。小丑火棘自然生长的枝条比较杂乱,须注意整形修剪,剪去徒长枝、重叠枝、交叉枝、病虫枝,使树形美观,枝条疏密适当,果枝分布均匀。主要病害为白粉病,可用 50%多菌灵可湿性粉剂 1 000 倍液,或 70%甲基托布津可湿性粉剂 800 倍液喷雾防治,每次间隔 7～10 天,连续喷施 2～3 次。

图 24　小丑火棘坡植

园林应用 园林用途十分广泛,可用作地被、绿篱,也可以培养成各种树形、球形,还可丛植或孤植于草坪边缘及园路转角处,如图 24 所示。

22. 黄金枸骨

黄金枸骨(*Ilex × attenuata* Fosteri 'Sunny Foster'),又名狭叶冬青、狭冠冬青、冬青科冬青属,常绿灌木或小乔木(见彩图 56)。

形态特征 株高 3.9～4.6 米,冠幅 2～4 米,株形狭窄呈金字塔形,树皮棕红色到灰色,平滑。单叶互生,叶革质,有光泽,椭圆形至长椭圆形,长 3～8 厘米,宽 1～4 厘米,两侧各有坚硬刺齿 1～4 个。新叶金黄色,随着生长叶色逐渐变为深绿色到暗红色,一年叶色有三次变化,金黄、深绿、暗红相间,颇为美观。雌株,聚散花序,腋生,花小,白色,花期 5～6 月。果亮红色,果期 11～12 月,可宿存 3～4 个月。

分布与习性 喜光,耐阴,喜温暖气候及肥沃、湿润而排水良好的微酸性土壤。不怕强光,光线越强,其叶色越金黄。能耐40℃以上的高温和强光照,适应范围特别广,南到广州北到北京均可以种植,能在－15℃的严寒天气安全越冬。萌蘖力强,耐修剪。

栽培技术 扦插繁殖,移栽可在春秋两季进行,而以春季较好。移栽时需带土球,因黄金枸骨须根稀少,操作时要特别防止散球,同时要剪去部分枝叶,以减少蒸腾作用,否则难以成活。黄金枸骨耐修剪,可修剪成各种树姿,供观赏。主要病虫害有红蜡蚧,可用40%杀扑磷乳油800～1 000倍液喷杀。

园林应用 黄金枸骨适用于道路旁、河流两岸、高速公路中央的隔离带、公园色带等,也可与其他系列叶色地被搭配,色彩对比鲜明。

23. 洒金珊瑚

洒金珊瑚(*Aucuba japonica* Thunb. var. *variegata* Dombr.),又名黄叶日本桃叶珊瑚,山茱萸科桃叶珊瑚属,常绿灌木(见彩图57)。

形态特征 株高可达3米,丛生,树冠球形,树皮初时绿色,平滑,后转为灰绿色。叶对生,肉革质,矩圆形,缘疏生粗齿牙,两面油绿而富光泽,叶面黄斑累累,酷似洒金。圆锥花序顶生,花紫褐色。核果长圆形。

分布与习性 原产于日本,在我国长江中下游地区广泛栽培。性喜温暖阴湿环境,不甚耐寒,在林下疏松肥沃的微酸性或中性土壤生长繁茂,阳光直射而无庇荫之处,则生长缓慢,发育不良。适应性强,耐修剪。

栽培技术 采用扦插繁殖,春、夏、秋季均可,以梅雨季节最佳,扦插时选用一年生的半熟枝作插条,插后一年可移栽,2～3年即可起到绿化效果。洒金珊瑚病虫害极少,且对烟害的抗性很强,偶尔有炭疽病和褐斑病侵害,可用50%退菌特可湿性粉剂800倍液喷雾防治。

园林应用 洒金珊瑚宜配植于树下林缘、庭院墙隅、池畔湖边和溪流林下,凡阴湿之处均宜配植。

24. 金叶女贞

金叶女贞(*Ligustrum* × *vicaryi* Rehder),木犀科女贞属,灌木(见彩图58)。

形态特征 株高 2～3 米,冠幅 1.5～2 米。叶片单叶对生,椭圆形或卵状椭圆形,长 2～5 厘米,金叶女贞叶色金黄,尤其在春秋两季色泽更加璀璨亮丽。总状花序,小花白色。核果阔椭圆形,紫黑色。

分布与习性 在我国长江以南及黄河流域等地均能适应,生长良好。性喜光,稍耐阴,耐寒能力较强,不耐高温高湿。萌蘖力强,耐修剪。

栽培技术 采用扦插繁殖。抗病力强,很少有病虫危害,偶尔有叶斑病发生,可用 50%多菌灵 1 000 倍液喷雾防治;发现蚜虫可用吡虫啉 1 000～1 500 倍液叶面喷杀,粉蚧可用 40%杀扑磷乳油 800～1 000 倍液喷杀。

园林应用 金叶女贞在生长季节叶色呈鲜丽的金黄色,可与红叶的紫叶小檗、红花檵木,绿叶的龙柏、黄杨等组成灌木状色块,形成强烈的色彩对比,也可构成图案,具极佳的观赏效果。

(五)矮生竹类彩叶地被植物

1. 黄条金刚竹

黄条金刚竹(*Pleioblastus kongosanensis* f. *autrostriatus* Muroi et Yuk),竹亚科苦竹属,多年生木本灌木状竹类植物(见彩图59)。

形态特征 混生类,秆高 50～100 厘米,直径 0.3～0.5 厘米,幼时被白粉,光滑无毛,每节 1 分枝,直立。小枝具 5～7 叶,叶片披针形,先端渐尖,较厚,长 15～20 厘米,宽 3～4 厘米,新叶绿色无毛,至夏季逐渐出现黄色纵条纹。笋期 4 月底至 5 月中旬。

分布与习性 原产于日本,在我国长江以南地区有引栽。属地被类竹种,喜温暖湿润气候,适于排水良好、疏松肥沃的砂质土壤,耐寒性较好,宜半阴。

栽培技术 一般采用母竹移栽(分株法)或埋鞭进行扩繁。母竹移栽常于每年的 10 月或翌年 3 月中下旬进行带土球移栽,土球直径 15～20 厘米,运输过程中应注意保护土球的完整。种植穴一般长、宽 30～40 厘米,深 20 厘米,栽植深度以土球表面略低于土层面为宜,再逐层回填土壤并踩实后浇水,最后将多余的土培成馒头状。完成栽植后,可适当修剪植株地上部分枝叶,以减少母竹水分的蒸发而提高移栽成活率。埋鞭扩繁宜于 3 月初进行,在以基质土为原材料的苗床内,开 10～15 厘米深、50 厘米左右间距的数条纵沟,将选取的竹鞭平置于沟内,后覆土浇水。出笋后加强幼林管护。基于景观的考虑,一般在每年的 2 月前后,将地被竹的地上部分齐地修剪,待笋芽重新萌发生长,以增强地被竹的观赏效果。黄条金刚竹主要有蚜虫、蝗虫等危害。蚜虫群聚于叶背面刺吸汁液,易诱发煤污病,影响竹的生长及降低观赏性。蚜虫一年繁育十多代,防治时间具体根据蚜虫危害情况而定,防治时,可用 5％蚜虱净乳油或 5％吡虫啉乳油或 20％杀灭菊酯乳油,以 1∶1 000 或 1∶1 500 倍液进行叶面喷杀,治愈率达 95％以上。蝗虫在跳蝻阶段开始上竹取食叶片,可在 4 月底至 5 月初,用 50％杀螟松乳油 1 000 倍液或 2.5％溴氰菊酯乳油 2 500 倍液进行喷杀。

园林应用 黄条金刚竹常用作地被、绿篱和庭园点缀,其在河道、路基等护坡绿化中也有不错的景观效果,亦可作盆栽观赏(如图 25 所示)。

2. 菲白竹

菲白竹[*Sasa fortunei*(Van Houtte)Fiori],竹亚科赤竹属,多年生木本灌木状竹类植物(见彩图 60)。

形态特征 混生竹种。秆高 20～60 厘米,直径为 0.2～0.3 厘米,节间被灰白色细毛,箨鞘宿存,秆不分枝或 1 分枝。小枝具叶 4～7 枚,叶片呈披针形,长 10～15 厘米,宽 0.6～1.2 厘米,表面具黄色或淡黄

图 25　黄条金刚竹庭园点缀

色至近于白色的纵条纹,边缘具小锯齿。笋期 5 月。

分布及习性　原产于日本,在我国黄河以南如上海、浙江、江苏、福建、重庆、四川等地均有广泛栽培。该品种具有较强的耐寒和耐阴性,喜欢温暖、湿润气候,在砂性肥沃土壤中生长良好,植株密集型。该竹种适应性强,管理粗放简单。

栽培技术　一般采用母竹移栽(分株法)或埋鞭进行扩繁。母竹移栽常于每年的 10 月或翌年 3 月中下旬进行带土球移栽。埋鞭扩繁宜于 3 月初进行。基于景观效果的考虑,在每年的 2 月初可将其地上部分植株齐地进行修剪,待笋芽重新萌发生长,以提高地被竹的观赏效果。主要虫害为蚜虫,危害后易诱发煤污病,影响竹的生长及降低观赏性。蚜虫一年繁育十多代,防治时间具体根据蚜虫危害情况而定,防治时,可用 5％蚜虱净乳油或 5％吡虫啉乳油或 20％杀灭菊酯乳油,以 1：1 000或 1：1 500 倍液进行叶面喷杀,治愈率达 95％以上。

园林应用　菲白竹常作地被护坡用竹种,常植于庭园作地被、绿篱或与假石相配,也是盆栽或盆景中配植的好材料。

3. 菲黄竹

菲黄竹[*Sasa auricoma*（Mitford）E. G. Camus]，竹亚科赤竹属，多年生木本灌木状竹类植物（见彩图 61）。

形态特征　混生类，秆高 30～80 厘米，直径为 0.2～0.25 厘米，节间光滑无毛，节下被白粉圈，秆不分枝或少有每节具 1 分枝。小枝具叶 3～4 枚，叶片披针形，长 11～15 厘米，宽 1.2～2 厘米，嫩叶时淡黄色有深绿色纵条纹，至夏时叶片常变为绿色，上面无毛，下面被灰白色柔毛。笋期 4 月中旬。

分布及习性　原产于日本，我国上海、浙江、江苏、重庆、四川、云南、陕西等地有引种栽培。该品种较耐寒、耐阴，喜温暖、湿润气候，适栽植于砂性肥沃土壤中，生长密集。黄河以南地区均可栽植，管理粗放简单。

栽培技术　一般采用母竹移栽（分株法）或埋鞭进行扩繁。母竹移栽常于每年的 10 月或翌年 3 月中下旬进行带土球移栽。埋鞭扩繁易于 3 月初进行。基于景观效果的考虑，在每年的 2 月初可将地被竹的地上部分齐地修剪，待笋芽重新萌发生长，以提高地被竹的观赏效果。菲黄竹虫害主要有蚜虫、蝗虫等。防治方法同"黄条金刚竹"。

园林应用　菲黄竹竹形俏丽，叶色淡黄具绿色条纹，常作地被护坡用竹种，也可制作盆栽或盆景观赏。

4. 铺地竹

铺地竹（*Sasa argenteistriatus* E. G. Camus），竹亚科赤竹属，多年生木本灌木状竹类植物（见彩图 62）。

形态特征　混生类，秆高 30～80 厘米，直径 0.2～0.3 厘米，节间绿色，无毛，节下白粉圈。叶片卵状披针形，长 8～15 厘米，宽 0.7～1.7 厘米，绿色，偶具黄色或白色纵条纹，边缘小锯齿。笋期 5 月。

分布及习性　产于江苏、浙江、上海、成都、昆明等地。黄河以南地区均可栽植。喜温暖、湿润气候，在疏松肥沃的砂质土壤中生长良好，具有一定的耐寒性。由于其茎秆较为纤细，成竹后易受风吹或雨水冲刷等影响,容易倒伏。

栽培技术 一般采用母竹移栽(分株法)进行扩繁。母竹移栽常于每年的 10 月或翌年 3 月中下旬进行带土球移栽。基于景观效果的考虑,在每年的 2 月初将地被竹的地上部分齐地修剪,待笋芽重新萌发生长,以提高地被竹的观赏效果。铺地竹虫害主要有蚜虫、蝗虫等。防治方法同"黄条金刚竹"。

园林应用 铺地竹常作地被护坡用竹种,亦可制作盆景观赏。

5. 白纹椎谷笹

白纹椎谷笹[*Sasaellea glabra* (Nakai) Nakai ex Koidz. f. *albostriata*Muroi],竹亚科东笹竹属,多年生木本灌木状竹类植物(见彩图 63)。

形态特征 混生类,竹丛矮小,枝叶密集,分蘖力强。秆高 20～60 厘米,直径为 0.2～0.3 厘米,节间无毛,节下常具白粉圈。箨鞘宿存,近革质,亦具白粉,每秆 1 枝条。小枝具叶 3～4 枚,叶片披针形,先端微弯曲,长 15～20 厘米,宽 1.5～2.5 厘米,具有白色、淡黄色不规则条纹,两面无毛,边缘具细锯齿。笋期 4 月下旬至 5 月上旬。

分布及习性 原产于日本,我国江苏南京,浙江临安、安吉,四川成都及陕西等地园林中均有引种栽培。该竹种不耐水湿和强光照,耐寒性较好,喜温暖、湿润气候,在疏松肥沃的砂质土壤中生长良好。

栽培技术 一般采用母竹移栽(分株法)或埋鞭进行扩繁。母竹移栽常于每年的 10 月或翌年 3 月中下旬进行带土球移栽。埋鞭扩繁宜于 3 月初进行。基于景观效果的考虑,在每年的 2 月初可将地被竹的地上部分齐地修剪,待笋芽重新萌发生长,以提高其观赏效果。白纹椎谷笹虫害主要有蚜虫、蝗虫等。防治方法同"黄条金刚竹"。

园林应用 白纹椎谷笹商品名为"靓竹",尤其夏日格外靓丽,属重要的观叶竹种,具有很高的观赏和科研价值。目前常用作地被护坡、花坛色块、绿篱等材料,亦可制作成盆栽、盆景观赏,是当前竹类市场上新引入的优良地被彩叶竹种。

附 录

园林绿地常见彩叶地被植物及其应用简表

种名	学名	叶色	园林应用
花叶玉簪	*Hosta undulata* Bailey	乳黄色或银白色纵斑纹	水景园，布置花境，作阴处或林下地被
花叶活血丹	*Glechoma hederacea* L. 'Variegata'	乳黄或乳白斑纹	可作地被，亦用于花径、盆栽、悬吊观赏
金边阔叶麦冬	*Liriope muscari* 'Variegata'	叶缘金边	作镶边材料或林下地被、花坛种植
黑麦冬	*Ophiopogon japonicus* (L. f.)Ker—Gawl. 'Nigrescens'	黑绿色	
金叶金钱蒲	*Acorus gramineus* 'Ogon'	乳黄色纵斑	群植于疏林下或阴处地被，或作镶边材料
黄斑大吴风草	*Farfugium japonicum* (L. f.) Kitam 'Aureomaculatum'	黄色斑点	适作林下、立交桥下地被，也可室内公园盆栽观赏
紫叶酢浆草	*Oxalis triangularis* subsp. *papilionacea* (Hoffmanns. ex Zucc) Lourteig	紫色	适用于花坛边缘栽植，作阴湿地被
赤胫散	*Polygonum runcinatum* var. *sinense* Hemsl	叶紫红色	花境、林缘、岩石园
花叶鱼腥草	*Houttuynia cordata* Thunb. var. *variegata* Makino	红、绿、黄、褐色等花斑	用于花境、花带、盆栽等
矾根	*Heuchera micrantha* Dougl.	多色系	用作林下花境、花坛、花带、庭园绿化、盆栽等

种名	学名	叶色	园林应用
银叶蒿	*Artemisia argyrophylla* Ledeb.	银白色	适用于室内观叶、花坛配色、花径边缘应用
银叶菊	*Senecio cineraria* DC.	银白色	
芙蓉菊	*Crossostephium chinense* (L.)Makino.	灰色	用作园林绿化、盐碱地改造
心叶岩白菜	*Bergenia cordifolia* (Haw.)Stemb.	锈褐色至棕红色	用作花坛、花境、山坡、林下地被
金叶佛甲草	*Sedum lineare* Thunb.	淡黄色	用作屋顶、道路、广场绿化、或花境、花坛、地被等
车轴草	*Trifolium pratense* Linn.	倒"V"形淡色斑	可作路径沟边、堤岸护坡,保土草坪和绿地封闭式草坪等
彩虹马齿苋	*Portulaca oleracea* L. 'Hana Misteria'	乳白色斑纹	用作花境、花坛、地被、庭院绿化、盆栽等
红莲子草	*Alternanthera paronychiodies* Stihill	红色、黄色斑纹	作水景镶边材料或湿地色叶地被
彩叶草	*Plectranthus scutellarioides*(L.)R. Br.	黄、红、紫、绿等	可作花境、花坛、花带、花箱等
红龙草	*Altemanthera ficoidea* L. 'Ruliginosa'	紫红、紫黑色	适用于花坛配色、组图,花径边缘或岩石点缀
五色苋	*Alternanthera bettzickiana*	绿、淡红、鲜红	适用于花坛配色、组图,花径边缘或岩石点缀
金叶过路黄	*Lysimachia nummularia* L. 'Aurea'	金黄色	用作色块、地被
花叶薄荷	*Mantha rotundifolia* (L.)Huds. 'Variegata'	乳白色斑	可作花境材料或盆栽
绵毛水苏	*Stachys byzantine* K. Koch ex Scheele	灰绿色	可作花境、岩石园、地被、花坛、草坪中的色块
花叶美人蕉	*Cannaceae generalis* L. H. Baiileg cv. Striatus	黄、奶黄、绿黄色镶嵌	用于花坛、街道花池、庭院等处丛植或片植,也作切叶、切花材料

种名	学名	叶色	园林应用
羽衣甘蓝	*Brassica oleracea* L. var. *acephala* DC.	颜色多样	公园、街道、花坛,可组各种美丽图案
银边山菅兰	*Dianella ensifolia* 'White Variegated'	淡黄色边	可配植于路边、庭院和水际作点缀
紫三叶	*Trifolium repens* 'Purpurascens Quadrifolium'	深紫色	适合片植,或花坛镶边,或点缀于不同主题的花境中
银边八仙花	*Hydrangea macrophylla* (Thunb.) Ser. 'Maculata'	叶缘银色	适合庭院美化、花境布置、盆栽观赏等
紫叶小檗	*Berberis thunbergii* 'Atropurpurea'	紫红色	常用作花篱,或用作园路角隅丛植大型花坛镶边,或剪成球形对称状配植
金叶小檗	*Berberis thunbergii* 'Aurea'	金黄色	
金边六月雪	*Serissa japonica* 'Aureo-marginata'	金色	用作花篱、道路绿化、大型花坛镶边
花叶锦带花	*Weigela florida* (Bunge) A. DC. 'Variegata'	乳黄或乳白叶缘	常密植作花篱,也可丛植、孤植于庭园中观赏
金叶莸	*Caryopteris* × *clandonensis* 'Worcester Gold'	鹅黄色	宜片植,做色带、色篱、地被也可修剪成球
灌丛石蚕	*Teucrium fruitcans*	银灰色	用于花境、林缘、路旁,可作绿篱
金叶大花六道木	*Abelia* × *grandiflora* (Andre) Rehd. 'Francis Mason'	金黄色	适宜丛植、片植,也可修成规则球状列植于道路两旁,或作花篱
金叶假连翘	*Duranta repens* L. 'Variegata'	金黄色	用于草坪、道路、居住区等各类城市绿地,也可作绿篱、盆栽

种名	学名	叶色	园林应用
金叶连翘	*Forsythia suspensa* (Thunb.) Vahl. 'Golden Leaves'	金色	适宜丛植、片植,也可修成规则球状列植于道路两旁,或作花篱
红花檵木	*Loropetalum chinense* (R. Br.) Oliv. var. *rubrum* Yieh	红色	用作绿地色块、绿篱
红叶石楠	*Photinia × fraseri* Dress 'Red Robin'	红色	修剪成矮小灌木作地被,或作花篱
金边黄杨	*Euonymus japonicus* 'Aureo-rnarginatus'	叶缘金黄色	为庭院中常见的绿篱树种,可经整形环植门道边或作花坛中心栽植
金森女贞	*Ligustrum japonica* 'Howardii'	鲜黄色、金黄色	常作绿篱、色块地被
彩叶杞柳	*Salix integra* L. 'Hakuro Nishiki'	乳白和粉红色斑	适用于水边、庭院、路旁、林缘
花叶接骨木	*Sambucus canadensis* L. 'Aurea'	乳黄或乳白斑纹	适用于林缘、花径或与其他植物配植
金焰绣线菊	*Spiraea × bumalda* Burv. 'Gold Flame'	季相变化:橙黄、橙红	可观花、作绿篱、群植作色块,亦可作花境和花坛植物
金山绣线菊	*Spiraea × bumalda* Burv. 'Gold Mound'	渐变:金黄色,浅绿色,金黄色	
南天竹	*Nandina domestica* Thunb.	深绿色,冬季变红色	适用于庭院观赏、绿篱等,也作盆景或盆栽
花叶胡颓子	*Elaeagnus pungens* Thunb. var. *variegata* Rehd.	黄色、黄白色斑纹	常植于庭园,与其他树种配植
小丑火棘	*Pyracantha fortuneana* (Maxim.) Li 'Harlequin'	有花纹,冬季呈粉红色	用作地被、绿篱,也可丛植或孤植于草坪边缘及园路转角处
黄金枸骨	*Ilex × attenuata* Fosteri 'Sunny Foster'	叶金黄、深绿、暗红	适用于隔离带、公园色带等

种名	学名	叶色	园林应用
洒金珊瑚	*Aucuba japonica* Thunb. var. *variegata* Dombr.	多黄斑	配植于树下林缘、庭院墙隅、池畔湖边和溪流林下
金叶女贞	*Ligustrum × vicaryi* Rehder	金黄色	与色叶地被植物组成灌木状色块,也可构成美丽图案
金叶扶芳藤	*Euonymus fortunei* 'Emerald Gold'	鲜黄、金黄、乳黄斑纹	可作地被、盆栽观赏、垂直绿化、与山石结合
花叶络石	*Trachelospermum jasminoides* (Lindl.) Lem. 'Flame'	纯白、粉红、斑纹花叶	可作地被、盆栽观赏、垂直绿化、与山石结合
花叶蔓长春花	*Vinca major* 'Variegata'	乳白或乳黄色斑纹	公园盆栽观赏、垂直绿化、林下植被、与山石结合
花叶长春藤	*Hedera helix* L. 'Marginata'	叶中有淡绿、暗绿、奶白三色	用作地被及攀援花柱等,也作盆栽
紫叶鸭跖草	*Commelina purpurea* C. B. Clarke	紫色	用作室内观叶、花坛、花径、林缘配色
观赏甘薯	*Ipomoea batatas* (L.) Lam. 'Tricolor'	黄绿、紫、花叶	用作地被、花境镶边、悬吊等,也作坡地绿化
黄条金刚竹	*Pleioblastus kongosanensis* f. *autrostriatus* Muroi et Yuk	黄色纵条纹	常用作地被、绿篱和庭院点缀,也作盆栽、护坡绿化等
菲白竹	*Sasa fortunei* (Van Houtte) Fiori	白色纵条纹	庭院观赏,作地被、绿篱或与假山石配植
菲黄竹	*Sasa auricoma* (Mitford) E. G. Camus	淡黄有绿色条纹	常作地被护坡用,也可作盆栽或盆景
白纹椎谷笹	*Sasaella glabra* (Nakai) Nakai ex Koidz. f. *albostriata* Muroi	白色条纹	用作地被护坡、花坛色块、绿篱等,也可作盆栽、盆景
铺地竹	*Sasa argenteistriatus* E. G. Camus	偶有黄色或白色纵条纹	用作地被护坡,也可作盆景

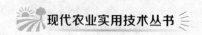

续表

种名	学名	叶色	园林应用
花叶燕麦草	*Arrhenatherum elatius* var. *bulbosum* 'Variegatum'	两侧呈乳黄色、黄色	可布置花境、花坛和大型绿地
花叶芦竹	*Arundo donax* 'Versicolor'	白色条纹	水边丛植、与山石相配或庭院栽植
棕红薹草	*Carex buchananii* Berggr.	棕色	作地被可孤植、盆栽或成片种植
金叶薹草	*Carex oshimensis* Makino 'Evergold'	黄色纵条纹	作为草坪、花坛、园林小路的镶边材料
日本血草	*Imperata cylindrica* (L.)Beauv. 'Rubra'	血红色	在园林道路的转弯处、交会点点缀
花叶藕草	*Phalaris arundinacea* var. *picta* L.	白色条纹	常配植在潮湿地或水湿处,或用作路边花镜丛植
花叶香蒲	*Typha orientalis Presl* 'Variegata'	花条纹状	丛植于河岸、桥头水际
花叶拂子茅	*Calamagrostis acutiflora* (Schrad.)DC. 'Overdam'	绿白相间条纹	孤植、片植或盆栽种植
蓝羊茅	*Festuca ovina* L. var. *glauca* Hack.	蓝色	适合覆盖于岩石、庭院地面
斑叶芒	*Miscanthus sinensis* Anderss. 'Zebrinus'	绿黄横向不规则斑马条纹	用作观赏草配植
花叶芒	*Miscanthus sinensis* Anderss. 'Variegatus'	奶白色条纹	可用于花坛、花境、岩石园,可作假山、湖边的背景材料

彩叶地被植物主要病害防治简表

主要病害种类	主要为害的部位及植物	通用名	每亩每次制剂使用量或稀释倍数	备注
病毒病	发生在植株的各部位,如羽衣甘蓝、彩叶草等	20%吗啉胍·乙铜 WP	500 倍液	在发病初期,用20%康润1号与0.04%云苔素内酯合用,可提高防治效果
		10%吗啉胍·羟烯 AS	1 000 倍液	发病初期使用,可结合喷施叶面肥
		8%宁南霉素 AS	1 000 倍液	发病初期使用,可结合喷施叶面肥
立枯病和猝倒病	苗期病害,如红花檵木、红叶石楠等	72%霜霉威 WP	400 倍液	发病初期用药
		64%恶霜·锰锌 WP	500 倍液	发病初期用药
		68%精甲霜灵·锰锌 WDG	600~800 倍液	发病初期用药
		80%代森锰锌 WP	600 倍液	发病初期用药
		30%多菌灵·福美双 WP	600 倍液	发病初期用药
白粉病	发生在叶片上,如彩叶草、银边八仙花、紫叶小檗、金边黄杨等	50%烟酰胺 WDG	2 000 倍液	始发期用药
		25%乙嘧酚 DF	800 倍液	始发期用药
		10%苯醚甲环唑 EC	1 500 倍液	控制使用量,不能任意加大用药量
		40%氟硅唑 EC	8 000~10 000 倍液	幼弱植株用 8 000 倍液
		15%三唑酮 EC	1 500 倍液	发病初期用药
		25%吡唑醚菌酯 EC	2 000 倍液	发病初期用药

主要病害种类	主要为害的部位及植物	通用名	每亩每次制剂使用量或稀释倍数	备　注
炭疽病	主要发生在叶片、叶柄上，如花叶玉簪、银边山菅兰、红花檵木、花叶络石等	45%咪鲜胺 EC	3 000 倍液	在病害发生初期使用，注意轮换用药
		80%多菌灵·福美双 WP	800 倍液	
		70%甲基硫菌灵 WP	700 倍液	
		70%代森联 DF	800～1 200 倍液	预防效果佳，用药要早
		25%吡唑醚菌酯 EC	2 000 倍液	具有治疗与保护双重作用
灰霉病	主要发生在叶片上，如紫叶酢浆草、矾根、彩叶草、红叶石楠、吊竹梅等	50%腐霉利 WP	1 000～2 000 倍液	在病害发生初期使用，注意轮换用药（幼苗对腐霉利敏感）
		75%代·多·异菌脲 WP	90～120 克	同上
		30%嘧霉胺 SC	1 000 倍液	发病初期用药
		50%乙烯菌核利 DF	1 500 倍液	同上
		50%烟酰胺 WDG	2 000 倍液	同上
枯萎病	发生在全株，如花叶蔓长春花	46.1%氢氧化铜 WDG	800 倍液	灌根
		20%铬氨铜·锌 AS	500～600 倍液	在田间零星发病时，用枯菌克兑水后浇根，每穴浇灌 200 毫升
		80%多菌灵·福美双 WP	800 倍液	
根腐病	发生在根部，如紫叶酢浆草、矾根等	50%瑞毒霉	800 倍液	发病初期进行根际灌施

续表

主要病害种类	主要为害的部位及植物	通用名	每亩每次制剂使用量或稀释倍数	备注
锈病	为害茎叶,如花叶玉簪、彩叶草等	15％粉锈宁粉剂	1 500 倍液	发病初期用药
		20％好靓粉剂	3 000 倍液	发病初期用药
		50％速克灵	1 500 倍液	发病初期用药
叶枯病	发生在叶上,如金边麦冬、黑麦冬、花叶长春藤等	70％甲基托布津	1 000 倍液	发病初期用药
		75％百菌清	800 倍液	发病初期用药
黑斑病	发生在叶片上,如金边麦冬、黑麦冬等	75％百菌清	800 倍液	发病初期用药
叶斑病	主要为害叶片,如金叶金钱蒲、银边八仙花等	65％代森锌	600 倍液	进行喷洒
白绢病	发生在根茎和叶基,如花叶鱼腥草、彩叶草等	70％代森锰锌	500 倍液	进行喷洒
溃疡病	为害枝条、叶、果实,如花叶接骨木、花叶蔓长春花等	90％克菌壮	1 000 倍液	进行喷洒
茎腐病	发生在茎上,如银叶菊、金边黄杨等	50％福美双	500 倍液	发病期喷施和浇灌

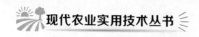

彩叶地被植物主要虫害防治简表

主要虫害种类	主要为害的植物	通用名	每亩每次制剂使用量或稀释倍数	备注
甜菜夜蛾与斜纹夜蛾	羽衣甘蓝、红花檵木、花叶接骨木、彩叶杞柳、金叶扶芳藤、花叶络石等	10 亿 PIB/毫升银纹夜蛾核型多角体病毒 SC	800 倍液	生物制剂,属无公害药剂。效果好,防治高龄虫时加敌敌畏或高效氯氰菊酯可提高速效性
		1%甲维盐 EC	2 500 倍液	在 1～2 低龄幼虫时用药
		2%阿维菌素 ME	2 000 倍液	同上
		15%茚虫威 SC	3 500 倍液	同上,防治高龄虫与速效药剂混用可提高速效性
		5%氯虫苯甲酰胺 SC	1 500 倍液	在低龄幼虫期使用
		20%阿维·杀单 ME	1 000 倍液	在低龄幼虫期使用,在瓜类、豆类作物上慎用
		5%虱螨脲 EC	1 000 倍液	在低龄幼虫期使用
蚜虫	矾根、花叶锦带花、金叶莸、金叶大花六道木、金叶连翘、红花檵木、金焰绣线菊、花叶络石、黄条金刚竹等	5%蚜虱净乳油	1 000 倍液	始发期用药
		5%吡虫啉乳油	1 000 倍液	始发期用药
		20% 杀灭菊酯乳油	1 000 倍液	始发期用药
红蜘蛛	紫叶酢浆草、芙蓉菊、彩叶草、花叶锦带花	15%扫螨净 EC	2 500 倍液	始发期用药
		1.8% 阿维菌素 EC	3 000 倍液	始发期用药
粉虱	金叶金钱蒲、彩叶草	1.8%阿维菌素乳油	2 500 倍	始发期用药
		10%吡虫啉粉剂	1 500 倍	始发期用药

主要虫害种类	主要为害的植物	通用名	每亩每次制剂使用量或稀释倍数	备注
介壳虫	彩叶草、银边山菅兰、金边六月雪、红叶石楠、花叶接骨木	40%杀扑磷	1 200倍	始发期用药
		28%蚧宝乳油	1 200倍	始发期用药
潜叶蝇	彩叶草	1%甲维盐EC	3 000倍液	始发期(出现少量虫道)用药
		50%灭蝇胺WP	2 000～2 500倍液	同上
		2.5%氯氟氢菊酯EC	750～1 500倍液	同上
蓟马	为害叶片部位,如金叶金钱蒲、金叶大花六道木	10%吡虫啉WP	2 000倍液	发病初期用药
		3%啶虫脒ME	3 000倍液	同上
		3%多杀霉素ME	3 500～4 000倍液	在各幼虫期使用,与速效药剂混用可提高速效性
		25%噻虫嗪WDG	8 000倍液	发病初期用药
		10%烯啶虫胺AS	1 200倍液	发病初期用药
地下害虫	金边麦冬、花叶鱼腥草、红花檵木、红叶石楠、彩叶杞柳	0.2%联苯菊酯G	5千克	拌土行侧开沟施药或撒施,然后覆土
		5.7%氟氯氰菊酯	1 500倍液	播种或移栽前喷洒畦面
		3%辛硫磷G	4～5千克	拌土行侧开沟施药或撒施,然后覆土
蜗牛、蛞蝓	主要为害茎、叶部位,如花叶美人蕉、花叶活血丹,以及大部分苗期植物	6%密达	每亩施350～500克	不宜与化肥农药混合使用

参考文献

[1] 任全进,路奎,赵康兵,等.彩叶地被植物在南京园林绿地中应用分析[J].中国野生植物资源,2014(3):44-46.

[2] 赵君,夏宜平.彩叶地被植物在杭州园林绿地中的配置应用[J].北京园林,2007(1):20-25.

[3] 魏云华,张燕青,林魁.福州市彩叶地被植物应用现状及探析[J].安徽农学通报:上半月刊,2012,18(17):165-166.

[4] 吴棣飞.新优彩叶地被—银边山菅兰[J].南方农业:园林花卉版,2009(3):18-19.

[5] 蔡如,麦启明,游慧儿.华南地区彩叶地被植物在园林中的应用[J].中国园林,2006(10):89-94.

[6] 赵爽,王颖,穆希维,等.四种彩叶地被植物引种栽培及园林应用评价[J].北京农业职业学院学报,2012(1):25-27.

[7] 史军义,易同培,马丽莎,等.中国观赏竹[M].北京:科学出版社,2011.

[8] 刘玮,黄滔.湖南优良观赏竹[M].长沙:湖南科学技术出版社,2015.

[9] 徐天森,王浩杰.中国竹子主要害虫[M].北京:中国林业出版社,2004.

[10] 胡国良,俞彩珠,华正媛.竹子病虫害防治[M].北京:中国农业科学技术出版社,2005.